ORIGIN AND DESTINATION

《环球科学》杂志社 编

起源与归宿

从 大 爆 炸 到 宇 宙 尽 头

机械工业出版社
CHINA MACHINE PRESS

宇宙从哪里来？到哪里去？如果宇宙大爆炸不曾发生会怎么样？宇宙的前世是什么？多重宇宙真的存在吗？是否可以通过暗能量来洞悉宇宙的命运？在你看不到的地方，是否真的存在不同的宇宙维度？生命的最终结局会是什么？宇宙有边界吗？天文学家和科学家关于宇宙的新发现、新想法不断涌现，这些想法可能不一致，也可能不正确，但是通过这些天文学家的讲解，我们可以认识到宇宙是如何复杂的一个存在，也能够通过顶级天文学家的视角，去展开我们自己对于宇宙的思考。

图书在版编目（CIP）数据

起源与归宿：从大爆炸到宇宙尽头 /《环球科学》杂志社编.
— 北京：机械工业出版社，2019.6（2022.1重印）
ISBN 978-7-111-62688-6

Ⅰ.①起… Ⅱ.①环… Ⅲ.①宇宙学–普及读物 Ⅳ.①P159–49

中国版本图书馆CIP数据核字（2019）第085738号

机械工业出版社（北京市百万庄大街22号 邮政编码100037）
策划编辑：赵 屹 责任编辑：赵 屹 黄丽梅
责任校对：黄兴伟 责任印制：孙 炜
北京利丰雅高长城印刷有限公司印刷

2022年1月第1版第4次印刷
169mm×239mm・14.25印张・3插页・272千字
标准书号：ISBN 978-7-111-62688-6
定价：89.00元

电话服务　　　　　　网络服务
客服电话：010-88361066　机 工 官 网：www.cmpbook.com
　　　　　010-88379833　机 工 官 博：weibo.com/cmp1952
　　　　　010-68326294　金 书 网：www.golden-book.com
封底无防伪标均为盗版　机工教育服务网：www.cmpedu.com

起源与归宿

从大爆炸到宇宙尽头

前
P R E F A C E
言

在天文学家和宇宙学家看来，这无疑是一个让人兴奋的时代：不断有新发现、新想法涌现，科学家也在开展研究，不断验证这些发现与想法。但同时，这又是一个让人困惑的时代：所有想法都不一定正确，不同的想法也可能不一致，甚至互相矛盾。对于今天的种种发现与理论，我们又该如何看待？我来谈谈我的看法。

在天文学中，对于某些重大理论，科学家已经为之奠定了坚实的科学基础。过去 80 多年来，天文学家收集到的大量证据表明，我们的宇宙正在膨胀、冷却：来自遥远星系的光线会发生红移、宇宙空间中充满了热辐射、宇宙中存在着大量的氘和氦……

宇宙在膨胀、冷却，正是大爆炸理论（Big Bang Theory）的核心。在我看来，建立坚实理论的过程好比构建一个框架：我们要不断寻找"木条"，补充到框架上，让框架更加牢固。就宇宙膨胀这个"框架"而言，已经够牢固了。现在，质疑大爆炸理论的声音已经不多，即使一些最偏激的理论也没有否认宇宙在膨胀、冷却。当然，你还是会听到一些不同的声音，但这些声音都是对即将添加到框架上的一些东西有所质疑。

比如，我们不知道在膨胀之前宇宙到底是什么样子，而一个比较前沿的理论叫宇宙暴胀，这确实是科学家在寻找的、比较有希望添加到我们那个框架上的理论，但目前还缺乏证据支持。如果一些观测结果与宇宙暴胀理论描述的一些特征相符，那么我们将会把这些结果视为暴胀理论的有力证据。但到目前为止，我还不敢肯定，宇宙暴胀是不是真的发生过——我并不是批评这个理论，而只是说，这个前沿理论还需要进一步验证。

宇宙学常数就是一个比较有意思的例子。20 多年前，对于新兴的暗物质理论，天文学家都乐于"拥抱"，认为这种理论能完美解释星系中恒星和气体的运动。相反，大多数天文学家却不待见宇宙学常数。但今天，主流科学界都已接受了宇宙学常数，连粒子物理学家也乐于见到宇宙学常数给量子力学带来的挑战。其实，这种观念的转变并不是某种固有缺陷的反映，而是在一个逐渐成长的固定框架下，一个研究领域表现出的一种正常的混乱状态。随着认识越来越多，我们的看法会不断调整。

那么，我们该如何看待关于天文学进展的那些报道呢？如果所有报道仅是基于对某一位科学家的采访，或者由某一位科学家撰写，那么我觉得，对于文章中的观点，我们需要谨慎看待。研究是一件很复杂的事，即使是最有经验的科学家，也不可能对每件事情都有很深的了解。

整个科学界也可能走错方向，虽然这种可能性极小。因此，如果一位记者采访了很多科学家，而且这些科学家们都一致认为某个研究结果值得思考，我会很高兴见到这种情况。如果这个研究结果还能被其他科学家再次观测到，就会更加有趣。当很多证据都指向同一个结论时，这个结论就开始让人信服了。我认为，最好的科学报道不仅要描述最新的科学发现，还要讲述导致这个发现的真实过程——如果能把这个过程讲得绘声绘色，那就更棒了。

　　随着时间推移，现在的一些还处于争议当中的理论要么会并入核心框架，要么会被放弃，或者被其他理论替代。从某种意义上说，我们的工作就是要让自己失业——解决所有的天文学难题。但是，宇宙是一个很复杂的存在，谁也不敢说自己能在短时间内解决这些难题。

　　所以，困惑其实是一个标志，说明我们走在正确的道路上。

——P.詹姆斯·E.皮伯斯

P.詹姆斯·E.皮伯斯（P.James E.Peebles）是世界最顶尖的宇宙学家之一，在宇宙微波背景和宇宙成分的早期分析中扮演过重要角色。他是普林斯顿大学的名誉退休教授，曾在1982年获得海因曼奖，1993年获得天文学界的终身成就奖，1995年获得太平洋天文学会的布鲁斯奖章，这些都是天文学界最重要的奖项。

目录

C O N T E N T S

当人类第一次把目光投向天空时，
就想知道在浩瀚无垠的天空中，
那些闪闪发光的星星是怎样产生的。
现在，就让我们到数十亿光年之外的宇宙深空，
去看看宇宙、星系诞生的痕迹。

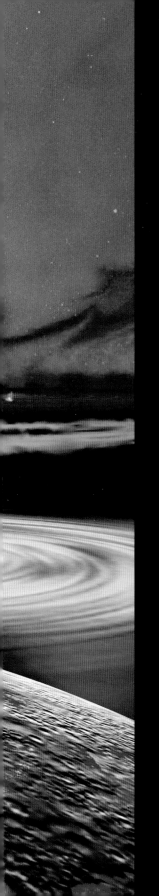

第一章 创
ORIGIN
生

宇宙大爆炸不曾发生?

安娜·伊尧什（Anna Ijjas）
普林斯顿理论科学中心的博士后研究员。她从事宇宙的起源、演化和未来，以及暗物质和暗能量的本质等方面的研究。

保罗·J.斯坦哈特（Paul J.Steinhardt）
普林斯顿大学的阿尔伯特·爱因斯坦科学教授、普林斯顿理论科学中心主任。他的研究涵盖粒子物理、天体物理、宇宙学、凝聚态物理等多方面的问题。

亚伯拉罕·勒布（Abraham Loeb）
哈佛大学天文系主任、哈佛大学黑洞研究中心主任、哈佛-史密森尼天体物理学中心理论与计算研究所所长。

精彩速览

- 对宇宙微波背景的最新观测引发了科学家对暴胀理论的关注。该理论认为，宇宙在刚诞生时曾经历了一个指数式膨胀的过程。
- 暴胀通常可以在宇宙微波背景上产生独特的温度变化模式，并产生至今尚未被发现的原初引力波。
- 观测数据表明，宇宙学家应该重新评价暴胀这个目前最受欢迎的宇宙学图景，并考虑关于宇宙起源的新理论。

2013年3月21日，欧洲空间局召开了一次国际新闻发布会，公布了普朗克卫星的最新观测结果。这颗卫星以前所未有的精度绘制了宇宙微波背景（Cosmic Microwave Background，CMB）的图谱。所谓CMB，是指130多亿年前宇宙大爆炸刚刚结束时发出的光。科学家告诉在场的记者，这张新的CMB图谱证实了宇宙学家30多年来一直非常重视的理论——宇宙起源于大爆炸，并在随后经历了一次短时间的超加速膨胀，即暴胀。这次膨胀将宇宙抹得如此光滑，以至于几十亿年以后，宇宙在各个方向、各个位置仍然是近乎完全相同的，而且是"平直的"，没有像球面那样弯曲。整个宇宙中只有一些微小的物质密度涨落，最终形成了我们周围的恒星、星系和星系团。

这次新闻发布会表露的主要信息是，普朗克卫星数据完美地符合了最简单的暴胀模型预言，再一次使人们认识到该理论的坚实可靠。普朗克团队声称，宇宙学这本大书应该要结尾了。

得到普朗克团队公布的最新结果后，本文的三位作者在哈佛－史密森尼天体物理学中心讨论了它的影响。伊尧什是从德国来访问的研究生；斯坦哈特当时正在哈佛大学学术休假（译者注：国外大学教授往往每几年会有半年或一年的学术休假，英文称"sabbatical"，休假期间没有教学任务，可以自由去其他学术机构访问），他在30多年前曾是暴胀理论的最初设计者之一（但他在后来的工作中指出暴胀的理论基础存在严重的问题）；而勒布作为哈佛大学天文系的系主任，是前两人的接待者。三位作者都很赞赏普朗克团队的精密观测，但并不同意他们对数据的解释。三位作者认为，普朗克数据并不支持最简单的暴胀模型，而且还使得该理论一直存在的基本问题变得更为严重，这使得天体物理学家有新的理由去考虑关于宇宙起源和演化的其他竞争理论。

自那之后的数年中，普朗克卫星和其他探测器收集到了更为精密的数据，使这种状况变得越发明显。然而，即使是现在，宇宙学圈子都还没有冷静、诚实地对待大爆炸－暴胀理论，也未对质疑暴胀是否真正发生的批评声音给予足够的关注。相反，宇宙学家似乎乐于接受暴胀拥护者的主张，即我们必须相信暴胀理论，因为对于我们观测到的宇宙特征，只有这个理论能提供简单的解释。但正如我们要在下面解释的，普朗克的数据，再加上一些理论问题，已经动摇了这个理论的根基。

如果暴胀真发生过

为了阐明暴胀理论的问题，我们先和这个理论的支持者保持一致：假设暴胀是正确的。设想有一位先知告诉我们，暴胀确实发生于大爆炸之后不久。如果我们相信先知的话，那么关于宇宙演化，他到底告诉了我们什么呢？如果暴胀确实为我们提供了一个对宇宙的简单解释，那么先知的预言应该也可以告诉我们，从普朗克卫星数据中我们将会看到些什么。

先知的预言能告诉我们的一件事情是，在大爆炸后不久的某段时间内，空间中必须有一小块区域充满着一种奇妙的能量，从而导致这块区域经历一次极快的加速膨胀（暴胀）。那些我们最熟悉的能量形式，比如物质和辐射的能量，会因为自身的引力吸引作用而阻止或减缓宇宙的膨胀。而暴胀要求宇宙充满一种密度很高、具有排斥力的能量来推动宇宙加速膨胀。但值得注意的一点是，这种起关键作用的、被称为暴胀能的能量组分完全来自于猜想，我们并没有直接证据表明它们的真实存在。除此之外，在过去30多年里出现了几

宇宙初期的照片

这张由欧洲空间局发射的普朗克卫星得到的天图，展示的是宇宙微波背景，它为我们提供了迄今为止最好的宇宙初期图像。天空中的蓝色区域表示宇宙微波背景温度较低的区域，即宇宙早期较冷的区域，而红色区域则表示较热的区域。暴胀理论的拥护者声称，这些热点或冷点的分布模式和他们的理论是相符的。然而，实际上他们的理论可以给出任意一种分布模式，而且一般会给出比这张图所展示的大得多的温度涨落。不仅如此，如果暴胀发生过，宇宙微波背景应该包含宇宙引力波（即早期宇宙拉伸激起的时空涟漪）的证据，然而科学家还没有找到这样的证据。与暴胀拥护者的主张相反，普朗克卫星的数据表明，我们宇宙的真正起源目前仍无定论。

热点（红色）
冷点（蓝色）

百个可能的暴胀模型，而每个模型预言的暴胀速度和宇宙整体膨胀程度都相差巨大。因此很明显，暴胀并不是一个精确的理论，而是一个有很大弹性、包含多种可能性的理论框架。

但是，根据先知的预言，我们能得出哪些适用于所有模型、与暴胀能的具体形式无关的结论呢？首先，根据量子物理的基础知识，我们能够确定在暴胀结束时，整个宇宙中温度和物质的密度必然是各处相异的。在暴胀期间，暴胀能量密度（1立方米空间里暴胀能量的大小）在亚原子尺度上的随机量子涨落将会被拉伸到宇宙尺度，形成具有不同暴胀能的区域。当暴胀能衰变为普通的物质和辐射时，加速膨胀结束。在暴胀能量密度稍微大一点的区域，加速膨胀时间会稍微长一点，并且当暴胀能最终衰变的时候，该区域内宇宙的能量密度和温度也会稍高一点。因此，在记录了那段历史的宇宙微波背景上，量子效应导致的暴胀能涨落将表现为热点和冷点交杂分布的图样。在之后的137亿年里，宇宙中这些微小的密度和温度涨落会在引力的作用下凝聚，形成星系和大尺度结构。

虽然有些含糊，但这个开头还不错。那么，我们能预言空间中星系的数量和分布情况吗？能预言空间弯曲到什么程度吗？能预言需要多少物质或其他形式的能量来产生现在的宇宙吗？答案是不能。暴胀理论是如此的富有弹性，以至于可能给出任何结果。暴胀能告诉我们大爆炸为何发生，或告诉我们最终演化为现在宇宙的那一块初始空间是如何产生的吗？答案依然是不能。

即使我们知道暴胀真的存在，对于普朗克卫星观测到的宇宙微波背景热点和冷点，我们也不能给出多少预言。根据普朗克卫星观测数据绘制的宇宙微波背景图谱和之前的一些宇宙微波背景研究，无论尺度怎样缩放，热点和冷点的分布模式几乎都是一样的，这个性质被科学家称为"标度不变性"。最新的普朗克卫星数据显示，宇宙微波背景基本遵守标度不变，偏离很小，只有百分之几，而各个点之间温度差异的平均值则大概只有万分之一。暴胀的拥护者经常强调暴胀可以产生具有这些性质的模式，然而这个论调忽略了一个关键之处：暴胀同样允许热点和冷点的分布模式不遵守标度不变，也允许不同点之间的温度差异比观测值大得多。换句话说，暴胀的结果既可能标度不变，也可能与标度不变相差甚远，还可能是介于二者之间的种种情况，这取决于研究者对暴胀能量密度细节做出的假设。因此，普朗克卫星所看到的冷热点分布并不能当成暴胀理论的证据。

值得注意的是，如果我们知道暴胀的确曾发生过，那么我们肯定能在普朗克卫星观测到的宇宙微波背景数据里发现一个特征，因为它适用于所有形式最简单的暴胀能量，包括标准教科书里的那些。量子涨落在导致暴胀能量随机涨落的同时，也会令空间随机变形，暴胀一旦结束，这些随机变形便会以空间形变波的形式在宇宙中传播。这些扰动被称为引力波，是导致宇宙微波背景上出现热点和冷点的另一个原因，而且它还有着很特别的极化效应（也就是说，引力波使得光的电场会朝着某个特定的方向，该方向取决于光是来自热点还是冷点，或是二者之间的地方）。

不幸的是，对暴胀引力波的搜索一直没有结果。宇宙学家在 1992 年就用宇宙背景探测者（COBE）卫星首次观测到了宇宙微波背景的热点和冷点，之后还有很多后续的观测，包括普朗克卫星 2015 年的数据，但到本文撰写之时，他们还没找到暴胀所预言的宇宙引力波的任何迹象（2014 年 3 月 17 日，南极 BICEP2 实验组的科学家宣布探测到了宇宙引力波，但后来他们认识到自己实际上观测到的是银河系中尘埃导致的极化效应，所以又撤回了声明）。需要指出的是，宇宙学家期待的宇宙引力波与激光干涉引力波天文台（LIGO）发现的、由现代宇宙中的黑洞合并所产生的引力波没有任何关系。

普朗克卫星的结果表明，宇宙微波背景中冷点和热点的分布模式非常接近严格的标度不变（只偏离了百分之几），同时又探测不到宇宙引力波。这令人震惊！30 多年以来，最简单的暴胀模型，第一次出现了与观测结果严重不符的情况。当然，理论家们迅速对暴胀图像进行了修补，但代价是暴胀模型变得更加复杂难懂，也暴露出了更多的问题。

复杂的暴胀模型

为了真正理解普朗克卫星的观测数据带来的影响，有必要了解一下暴胀支持者们推崇的暴胀模型以及它们的不足之处。

这些研究者认为，暴胀的能量来自一个假想的、被称为暴胀子的场。这种场就像电磁场一样，充斥于空间并在空间每个点上都有一个场强（值）。因为暴胀子是假想的，理论家们可以自由地设想暴胀子具有引起宇宙加速膨胀的排斥力。空间中，给定点处的暴胀场的场强决定了那一点的暴胀能量密度。场强和能量密度的关系可以用图上的一条像山坡一样的曲线来表示。研究者提出的几百个暴胀模型中，每个模型都有一个具体的山坡形状，来决定暴胀结束时宇宙的性质——比如宇宙是否平坦、光滑，并有一个近乎标度不变的温度和密度变化模式。

自从普朗克卫星的数据公布以后，宇宙学家就发现自己处在如下所述的一种境地：假设你住在一个坐落于山谷里、被群山环绕的封闭小镇上。你在小镇上见过的人只有小镇的居民，直到有一天出现了一个陌生女人。每个人都想知道她是如何来到你的小镇的。你从小镇的流言中（或者当地的先知）得知她是滑雪来的。你信以为真，并考虑到只有两座山通往山谷。任何看了滑雪指南的人都对第一座山很清楚：坐滑雪缆车很容易上去，那里所有滑雪道的下坡都很平稳，能见度和雪质一般都很好。而第二座山则完全不同。它都没有被写进标准的滑雪指南中。这也难怪，它的山顶以雪崩著称；通往你所在小镇的那条路始于平坦的山脊而终于陡峭的绝壁，凶险异常；更有甚者，那里没有滑雪缆车。要想从那个山顶滑下来，唯一能想到的办法是先用降落伞从飞机上跳下，在山脊上某个特定的地方（精度要达到几英寸）以恰好合适的速度着陆。一个小小的失误都将导致滑雪者脱离轨道，滑到一个遥远的山谷，或是被困在山顶；最糟糕的情况是，雪崩会在滑雪者到达山脊之前开始，使得滑雪者无法生还。如果小镇流言是对的，即陌生女人是滑雪来的，那么唯一合理的推断是，她来自第一座山。

因为无法想象有人会走第二条路，毕竟和第一条路相比，第二条路到达小镇的机会微乎其微。但后来，你注意到了陌生女人身上的某些线索——她的外套上没有贴着滑雪缆车的票。基于这样一个观察，并且由于小镇流言坚持认为陌生女人是滑雪来的，你不得不

两个版本

像滑雪坡一样的暴胀

如果暴胀发生过，它一定是被一种假想的"暴胀能"所引发，该能量源于一种弥漫于空间中、名为暴胀子的场。不同版本的暴胀理论给出的暴胀场强与暴胀能量密度之间的关系也各不相同。这里画出了其中两种关系。一种（左边的蓝线）类似于传统教科书上的暴胀模型；另一种（右边的粉红线）需要一个非常特殊的初始条件，因此看起来不太合理。与两座雪山的类比解释了为什么第二类模型——还没被实验排除的那类模型——是难以被接受的。

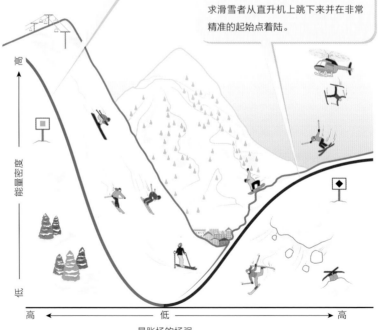

平滑斜线对应于传统暴胀模型，表示能量密度会急速上升，类似于一个易于滑雪的山坡。这些模型给出的暴胀起始过程是比较可行的，因为它们开始于一个合理的暴胀能阈值（像由滑雪缆车确认的起始点），并且以稳定、可预料的路径演化（像一个平稳的下坡），但它们和最近的天体物理数据相冲突。

这些版本的理论被称为平台模型，要求暴胀开始于不太可能的条件——暴胀场需要在恰好合适的时刻有恰好合适的值来引发暴胀。这些模型类似于一座易于雪崩的雪山，它要求滑雪者从直升机上跳下来并在非常精准的起始点着陆。

高 能量密度 低

高 ← 低 → 高

暴胀场的场强

出这样一个怪异的结论：她来自第二座山。但是，也许她根本就不是滑雪来的，这样你就有必要质疑小镇流言的可靠性了。

类似地，如果有个"先知"告诉我们宇宙是通过暴胀演化到现在这个样子的，那么我们期待的暴胀能量密度曲线就应该像滑雪指南里描述的山那样，从顶到底形状都很简单，只有最少的可调参数，且不需要非常苛刻的条件来驱动暴胀。实际上，到目前为止，关于暴胀宇宙学的教科书几乎都把能量曲线表示成这种简单、一致的形状。特别是，能量密度会随着场强的变化沿着这些简单曲线稳定增大，使得暴胀场可能会有这样一个初始值——在该值处，暴胀能量密度等于所谓的普朗克密度（比今天的密度大 10^{120} 倍），即宇宙刚从大爆炸诞生时的总能量密度。这样的话，暴胀场的能量是宇宙初始时刻唯一的能量形式，在这样的有利条件下，加速膨胀会立即开始。在暴胀期间，暴胀场的强度会很自然地演化，使得能量密度沿着曲线缓慢、平滑地降低直至谷底，在谷底曲线降到最低，对应于我们今天所处的宇宙（我们可以将这个过程想成暴胀场从曲线上"滑雪"而下）。这就是教科书里出现的经典暴胀过程。

但是普朗克卫星的数据告诉我们，这个过程不可能是对的。简单的暴胀曲线会产生比观测结果更严重偏离标度不变性的热点和冷点，以及较强的、理应已经被观测到的引力波。如果我们仍然坚持暴胀曾发生过，普朗克卫星的结果就要求暴胀场沿着更复杂的能量密度曲线"滑雪"而下，这条曲线就像第二座山那样，由低而平坦的山脊与通往山谷的峭壁相连，并面临着雪崩的巨大风险。与简单的、一直递增的形状不同，这样的能量曲线会从最小值处陡然升高（形成一个悬崖），直到当它的能量密度仅为大爆炸刚结束时的普朗克密度的几万亿分之一时，突然变得像平台一样平缓（形成一个山脊）。这样的话，在大爆炸开始后，暴胀能量密度会只占总能量密度很小的一部分，而且因为太小不能驱使宇宙立刻暴胀。

因为宇宙还没暴胀，暴胀场可以开始于任何初始值并且以极快的速度改变，就像滑雪者从直升机上跳下来一样。然而暴胀只有在暴胀场最终到达对应于平台上某点的值，且变化非常缓慢的情况下才能开始。一个滑雪者从很高的高度落下，以刚好合适的速度着陆于一个平坦的山脊从而能平缓地滑下，这显然有悖常理，同样的道理，暴胀场在场强刚好等于合适的值时，以刚好合适的加速度减速，从而触发暴胀，也是几乎不可能的。更糟糕的是，因为在大爆炸之后暴胀场速度减慢的时期宇宙没有暴胀，整个宇宙中任何初始的弯曲或能量分布不均匀都会增长；当它们增长到一定程度时，无论暴胀场如何演化，都会阻碍暴胀的开始，就像无论从直升机到山脊的这段路多么完美，一次雪崩就能让滑雪者无法平稳地滑下山。

换句话说，若接受"先知"的言论而坚信暴胀曾经发生过的话，即使不谈暴胀的种种问题，普朗克卫星的数据也将迫使你得出暴胀始于一个平台似的能量密度曲线这样一个怪异的结论。也许出于这个原因，你会对"先知"是否可靠产生怀疑。

暴胀带来的混乱

当然，先知是不存在的。我们不应该简单地接受暴胀曾发生过这个假设，因为它并不能给我们观测到的宇宙特征提供一个简单的解释。宇宙学家应该基于我们对宇宙的观测，按照规范、科学的步骤估计暴胀发生的概率，进而对这一理论做出评价。从这个方面讲，现在的数据排除了最简单的暴胀模型而青睐于更不自然的模型，这无疑是个坏消息。但说句实话，这也不是暴胀理论碰到的第一个问题了，这些观测结果只是使之前的问题变得更加尖锐了。

比如说，我们应该思考宇宙拥有适于暴胀的初始条件这件事情是否合理。要开始暴胀，必须要满足两个不大可能存在的条件。首先，在大爆炸后不久，必须有一片区域，其中的时空量子涨落都已平息，且可以很成功地用爱因斯坦的经典广义相对论方程描述；其次，这片空间必须足够平坦并具有足够均匀的能量分布，使得暴胀能量能够快速增长，胜过其他形式的能量，占主导作用。有几项研究在理论上估算了大爆炸之后出现一块拥有这些性质的空间的概率，结果表明，这比在一片荒漠中找到一座拥有滑雪缆车和保养妥善的滑雪坡道的雪山更困难。

更重要的是，如果很容易在大爆炸后找到这么一片足够平坦光滑可以暴胀的地方，那么我们从一开始就不需要暴胀了。还记得吗？引入暴胀理论的全部动机就是解释我们可观测的宇宙为何拥有这些性质。如果我们要求宇宙有同样的性质才能开始暴胀，区别只是需要的空间范围小了一点的话，那么这可算不上什么进步。

然而，这些问题只是麻烦的开始。不仅暴胀需要的初始条件很难获得，而且暴胀一旦开始便停不下来。这个症结要归咎于时空的量子扰动。它们导致暴胀场的强度各处不同，从而使得空间中有些点比其他点更早结束暴胀。我们倾向于认为量子涨落很小，但早在1983年，包括斯坦哈特在内的理论家们就意识到，暴胀场中大幅的量子跳跃虽然很稀少，但却能完全改变暴胀过程。大幅跳跃能使暴胀场的强度增强到比平均值高很多，导致暴胀持续时间大大加长。虽然大幅跳跃很稀少，但有过跳跃的区域和没有跳跃的区域相比，体积上会膨胀相当多，从而快速占领整个空间。顷刻间，停止暴胀的区域会被继续暴胀的区域包围而萎缩，而这个过程会反复发生。在大多数膨胀的区域，暴胀场强度的变化将使能量密度降低，令暴胀结束，但少数大幅量子跳跃会在某些区域令暴胀持续下去，并不断产生出暴胀得更厉害的区域。然后，这个过程便会无休止地持续下去。

　　暴胀将以这种方式永远持续，产生无数块已结束暴胀的空间，每块空间都创造出一个自己的宇宙。只有在这些已结束暴胀的空间中，空间膨胀速率才能变得足够缓慢，从而能够形成星系、恒星、行星和生命。这也暗示，由于量子涨落固有的随机效应，每块空间都有不同的宇宙学性质。通常来说，大多数宇宙不会是平坦或没有弯曲的，物质的分布不会近乎均匀，宇宙微波背景上热点和冷点的分布模式也不会非常接近标度不变。这些空间给出了无数种不同的可能结果，没有哪块空间比其他空间出现的概率更大，我们的宇宙也一样。这个结果就是宇宙学家所称的多重宇宙。由于每块空间都可拥有任何物理上可能的特性，因此多重宇宙不能解释为什么我们的宇宙具有我们所观测到的这些非常特殊的条件——这些条件只不过是我们这片特定空间偶然出现的特征罢了。

　　也许连这个图像都太乐观了。这些空间中是否有任何一块能演化成我们的可观测宇宙？这一直是科学家争论的问题。与之相反的是，永恒暴胀也有可能演化成一个纯粹的量子世界，那里到处都充斥着量子不确定性和随机涨落，甚至在暴胀结束的区域也是如此。我们建议用"多重混乱"作为一个更恰当的词来描述尚无定论的永恒暴胀结果：无限多个性质随机的空间区域，或者是一个量子混乱状态。按照我们的观点，无论哪种描述是正确的都没有差别。无论是哪种方式，"多重混乱"都无法预言暴胀的结果就是我们可观测宇宙的性质。一个好的科学理论应当可以解释为什么实际发生的是我们所观测到的现象，而不是其他现象，"多重混乱"没有通过这个基本的测试。

抛弃暴胀

鉴于所有这些问题，暴胀根本不曾发生的观点值得我们仔细考虑。如果我们往回追溯，在逻辑上似乎有两种可能性。要么宇宙有一个开始，我们一般称之为"大爆炸"；要么没有开始，所谓的"大爆炸"其实是一次"大反弹"，即从之前的某种宇宙学相到现在的膨胀相的一次转变。虽然大多数宇宙学家假设有一个爆炸，但目前还没有任何证据能辨别 137 亿年前发生的到底是爆炸还是反弹。然而，与爆炸不同，反弹不需要后期的暴胀来创造我们现在所看到的宇宙，所以反弹理论意味着脱离暴胀模式的一个巨大转变。

反弹能得到与大爆炸加暴胀同样的结果，因为在反弹之前，一段持续几十亿年的缓慢收缩能使宇宙变得光滑平坦。缓慢收缩与迅速膨胀有着相同的效应，这好像是反直觉的，但一个简单的论述就能说明为何一定是这样的。回想一下，若没有暴胀，一个缓慢膨胀的宇宙将会由于引力对空间和物质的作用而变得越来越弯曲、扭曲、不均匀。把这个过程反过来，想象你在看一场时间倒流的电影，那么一个高度弯曲、扭曲、不均匀的宇宙又将逐渐收缩变得平坦均匀。也就是说，在缓慢收缩的宇宙中引力起相反的作用，就像柔顺剂一样。

正如暴胀时的情况，在反弹理论中，量子物理也会对这样简单的平坦化过程进行修正。量子扰动会改变宇宙各处收缩的速度，使得某些区域早于其他区域反弹、膨胀及冷却。科学家能够构造出这样的模型，宇宙收缩的速度会带来反弹之后的温度变化，使得宇宙微波背景热点和冷点的分布模式与普朗克卫星观测到的结果一致。换句话说，暴胀能做的任何事情，反弹前的收缩都可以做到。

同时，反弹理论与暴胀理论相比还有一个重要的优点，它们不会产生"多重混乱"。当收缩相开始时，宇宙已经很大并且是经典（即可以用爱因斯坦广义相对论描述）的了，而它在收缩到量子效应变得重要之前就反弹了。其结果是，永远不会有一个像大爆炸那样整个宇宙被量子物理所主导的阶段，我们也不需要构造出一个从量子到经典的转变过程。而且因为在平坦化过程中没有暴胀来导致某些区域经历少见的大幅量子扰动，这些区域的体积也就不会有爆发性的增长，因此通过收缩来实现平坦化并不会产生多重宇宙。最近的研究已经给出了描述宇宙如何从收缩相到膨胀相转变的初步详细方案，使我们有可能构造出完整的反弹宇宙学理论。

暴胀理论算科学吗?

考虑到暴胀的问题和反弹宇宙的可能性，你可能会期待科学家来一场大讨论，根据当前的观测数据，弄清楚到底哪种理论是正确的。但有一个问题：按照我们目前的理解，暴胀宇宙学不能用科学方法来评估。正如上文讨论过的，如果我们改变初始条件、改变暴胀能量密度曲线的形状，暴胀的结果就能轻易改变——你可能还记得永恒暴胀和多重混乱。这些特点使暴胀理论极富弹性，以至于没有实验能对它提出反证。

有些科学家接受暴胀是不可被检测的，但拒绝放弃它。他们还提出，科学本身必须改变，应该抛弃科学的标志性特点——可检测性。这个主张已经引发了此起彼伏的关于科学本质及其新定义的讨论，并促使某些非实验主义科学的理论抬头。

一个普遍的误解是实验可以用来证伪一个理论。实际上，一个失败的理论会由于人们试图不断修补它而变得对实验越来越有免疫力。这个理论会变得更加复杂、微调程度更高来适应新的观测，直到它（对观测）的解释能力消失殆尽。一个理论的解释能力是由它能排除多少可能性来衡量的。免疫程度越高意味着能排除的可能性越小，以及解释能力越差。像"多重混乱"这样一个理论不能排除任何事情，因此没有解释能力。将一个空洞的理论宣告成为无可争议的标准观点需要一些非科学的支撑。既然没有先知，唯一的替代办法是求助于学术权威。但历史告诉我们这条路是错误的。

今天的我们很幸运，观测为我们暴露出了尖锐的、根本性的问题。主流理论的失败，给了我们一个取得理论突破的历史性机遇。我们应当承认宇宙学仍然是有讨论余地的，而不是给早期宇宙这本书画上句号。

第一代恒星开启宇宙演化

理查德·B.拉尔森（Richard B.Larson）

耶鲁大学的天文学家，1968年在加州理工学院获得博士学位后在耶鲁大学任教。他的研究方向包括恒星形成理论和星系演化。

沃尔克·布罗姆（Volker Bromm）

2000年在耶鲁大学获得博士学位，他主要研究宇宙结构是如何形成的，现在是得克萨斯大学奥斯汀分校的天体物理学家。

精彩速览

- 计算机模拟表明，第一代恒星应该出现在"大爆炸"之后1亿~2.5亿年之间。早期宇宙中的密度涨落逐渐演化成小型原星系，这些原星系又孕育了第一代恒星。

- 由于原星系中只包含氢和氦，此时恒星形成的物理机制，会更倾向于形成大质量恒星，所以第一代恒星比太阳大得多，也亮得多。

- 来自第一代恒星的辐射，将恒星周围的氢气离子化。其中一些恒星以超新星的形式爆发，将重元素播撒到宇宙中。最重的恒星则塌缩成黑洞，随着原星系合并成星系，这些黑洞可能最终盘踞在星系的中心。

我们生活在一个充满光亮物体的宇宙之中。在晴朗无云的夜晚，仅凭肉眼我们就能看到数以千计的恒星，而这些仅仅是银河系中比较接近地球的很小一部分星体。望远镜能为我们展现出一个更为广阔的宇宙，那里闪耀着来自亿万个星系的光芒。然而，按照目前我们对宇宙的了解，这个星光熠熠的宇宙，在早期历史中，曾经历过很长一段混沌、黯淡无光的岁月。直到"大爆炸"之后1亿年，宇宙中才出现第一代恒星，又过了10亿年，星系才爆发式地出现在整个宇宙中。天文学家一直都在疑惑：这种从黑暗到光明的骤变究竟是如何发生的？

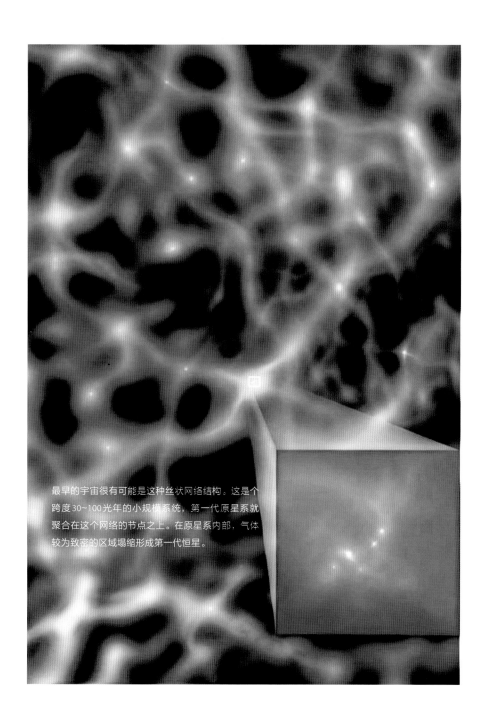

最早的宇宙很有可能是这种丝状网络结构。这是个跨度30~100光年的小规模系统，第一代原星系就聚合在这个网络的节点之上。在原星系内部，气体较为致密的区域塌缩形成第一代恒星。

经过数十年的研究，科学家朝上述问题的答案迈进了一大步。通过复杂的计算机模拟技术，宇宙学家设计出了一些模型，这些模型表明，"大爆炸"遗留下的密度涨落（Density Fluctuation）能够演化成第一代恒星。不仅如此，宇宙学家对遥远类星体的观测，能够让研究人员回溯时间，抓住"宇宙黑暗时代"的最后一抹余光。

新的模型结果显示，宇宙中第一代恒星很可能具有极大的质量和超高的亮度。它们的形成从根本上改变了宇宙及其此后的演化历程。这些恒星加热周围气体，将它们离子化（Ionizing），由此改变了整个宇宙演化的动力学过程。这些最早的恒星，产生并喷射出了宇宙中第一批重元素，为类似太阳系这样的行星系统的形成奠定了基础。其中一些恒星可能已经塌陷成为超大质量黑洞，这些黑洞盘踞在星系中心，并为类星体提供能量。简言之，正是这些最早的恒星，才形成了我们今日所见到的宇宙。宇宙万物，从星系和类星体到行星和人类，皆赖其功。

宇宙黑暗时代

对早期宇宙的研究存在一个障碍，就是缺乏直接的观测证据。天文学家确实可以回溯宇宙的历史，他们将望远镜对准遥远的星系和类星体，观察这些天体数十亿年前发出的光芒。通过测量这些光的红移（Redshift），天文学家就能确定每个天体的年龄，因为红移的大小可以表明自该束光线发射以来宇宙膨胀了多少。目前，天文学家观测到的最老的星系和类星体大约出现在大爆炸后 10 亿年（假设目前宇宙年龄为 140 亿年），为了回溯更早的时期，研究人员需要用更先进的望远镜来追踪那些更遥远的星体。

不过，宇宙学家可以通过宇宙微波背景来推测早期宇宙的情况。这些来自大爆炸之后 40 万年的辐射，表明了当时宇宙中的物质分布是非常均匀的，因为宇宙早期还没有形成大的发光星体，来扰动原始物质汤（Primordial Soup），所以这些原始物质汤，在均匀和混沌状态下又持续了数百万年。随着宇宙的不断膨胀，宇宙微波背景逐渐向更长的波段红移，宇宙也逐渐变冷变暗。对这段黑暗时期，天文学家仍缺乏观测证据，直到大爆炸后 10 亿年，宇宙中才出现了一些明亮的星系和类星体，由此我们可以断定，第一代恒星肯定形成于这个时间之前，那么这些初放光芒的星体究竟是何时出现的，又是如何形成的呢？

很多天体物理学家，包括剑桥大学的马丁·里斯（Martin Rees）和哈佛大学的亚伯拉罕·勒布（Abraham Loeb），都为解决上述问题做出了重要贡献。科学家近些年的研究都是基于标准宇宙学模型（Standard Cosmological Model），这个模型描述了宇宙自大爆炸

宇宙历程

黑暗时代

宇宙在发射出宇宙微波背景（大爆炸之后约40万年）之后，就一直在变冷、变暗。
但宇宙的结构也从大爆炸遗留下的密度涨落中逐渐演化出来。

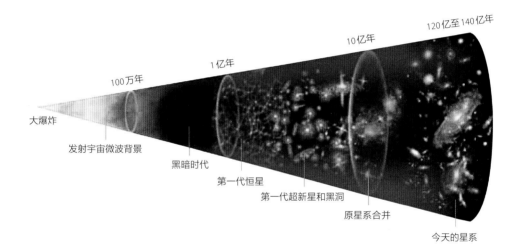

大爆炸

发射宇宙微波背景

黑暗时代

第一代恒星

第一代超新星和黑洞

原星系合并

今天的星系

100万年

1亿年

10亿年

120亿至140亿年

重获新生

第一代恒星和原星系的出现（最早可追溯至大爆炸后1亿年）
开启了一连串事件，从而影响了整个宇宙的面貌。

以来的演化过程。尽管早期宇宙物质分布异常均匀，宇宙微波背景还是显示出了小规模的密度涨落迹象，就好像宇宙汤中凝结的一个个小油块。宇宙学模型预言这些小块会逐渐演变成引力束缚结构体（Gravitational Bound Structures），最开始的时候，这些小块可能聚合形成一些小的体系，然后再逐渐融合成更大的团块。这些团块将呈现出丝网状的结构，而第一代恒星孕育系统，也就是小型的原星系（Protogalaxy）就聚生在这些丝网的节点上。以此类推，原星系再融合形成星系，星系再聚合成星系团（Galaxy Cluster）。这个过程直到今天仍在持续，尽管星系形成过程已经基本结束，但星系之间还在不断结合成星系团，而这些星系团又接着合并成横亘整个宇宙的巨大网络结构。

按照宇宙学模型，第一代恒星能够在大爆炸之后 1 亿 ~2.5 亿年之间形成。这些原星系可能具有 10 万 ~100 万个太阳质量，直径约为 30~100 光年。虽然这些性质看上去与现在银河系中正在形成恒星的分子云（Molecular Gas）很相似，但两者之间存在着本质区别。首先，第一代原星系可能主要是由暗物质（Dark Matter）构成，暗物质占据了目前宇宙质量的90%。在今天的大型星系中，暗物质已经与普通物质分离，那是因为随着时间的流逝，普通物质慢慢向星系内部聚集，而暗物质仍分散在围绕星系的巨大晕体中。然而在第一代原星系中，普通物质与暗物质还是混合在一起的。

第二个重要区别是，原星系中除了氢和氦之外，其他元素的含量都非常稀少。大爆炸产生的是氢和氦，比它们更重的元素需要经由恒星内部的热核反应（Thermonuclear Fusion Reaction）才能生成，所以在第一代恒星形成之前，宇宙中不会出现重元素。天文学家将这些重元素统称为"金属"（metal），银河系中富含金属的年轻恒星被命名为第一族恒星，金属贫乏的老年恒星则被称为第二族恒星，按照这个分类，完全不含金属的恒星，也就是宇宙中最早的一代恒星，被划归第三族恒星。

由于缺乏金属，第一代恒星系统内的物理机制要比今天我们看到的分子云简单得多。而且原则上，宇宙学模型还能提供形成第一代恒星的完整初始条件（Initial Condition），相比之下，分子云中的恒星生成环境则更为复杂，会受到此前恒星形成过程的影响。因此，对科学家而言，模拟第一代恒星的形成，也许要比模拟今天的恒星形成更为简单。不管怎样，解决宇宙最早期恒星的形成问题，是目前理论研究中的当务之急，已经有多个研究组用计算机模拟的手段，描摹了宇宙孕育的这第一批"珍珠"。

一个由汤姆·阿贝尔（Tom Abel，宾夕法尼亚州立大学）、格雷格·布莱恩（Greg Bryan，麻省理工学院）和米歇尔·L.诺曼（Michael L.Norman，加利福尼亚大学圣迭戈分校）组成的研究小组获得了极为逼真的模拟结果。另外，我们与耶鲁大学的保罗·科皮（Paolo

Coppi）合作，也进行了模拟，我们所用的假设更简单，但能够对更多的可能性进行探索。日本大阪大学的钓部通（Toru Tsuribe）则用更强大的计算机进行了类似的计算。此外，中村文隆（Fumitaka Nakamura，日本新潟大学）和梅村雅之（Masayuki Umemura，日本筑波大学）的模拟工作则更为理想化，但仍然得到了一些具有启发性的结果。尽管这些研究在细节上各有不同，但它们对最早期恒星的形成过程却有着非常相似的描述。

第一缕星光

上述模拟结果显示，原始气体云通常形成于一个小尺度的网状结构的节点上，然后在自身引力作用下开始塌缩。在塌缩过程中，气体的温度会升高到700℃以上。在这样致密高热的气体里，一些氢原子会两两配对，形成微量（Trace Amount，指含量在百万分之一以下）的氢气分子；接下来，氢分子和氢原子会相互碰撞，并释放出红外辐射，从而使气体团中密度最大的那一部分温度下降200~300℃，气压也会随之下降，于是这些区域便能够塌缩成由引力束缚在一起的团块。

上述降温过程对原始系统中普通物质与暗物质的分离起到了关键作用。冷却的氢逐渐形成一个扁平的转动构型，里面包含着引力团块以及团块之间的丝网结构，整个外形可能像个碟子，但由于暗物质粒子不会向外辐射能量，它们就会一直分散在原始云中，所以这些最早的恒星形成系统与小型星系非常类似，有一个由普通物质构成的星系盘和包围在外面的暗物质晕。在星系盘内部，密度最大的那些物质团块将继续塌缩，其中有些最终会经历一次剧烈的塌缩，这样恒星就产生了。

形成第一代恒星的物质团块，比目前形成大多数恒星的分子云要热得多。尘埃颗粒和包含重元素的分子有更高的降温效率，它们能将今天的分子云冷却到约 -260℃。在此温度下，一团气体必须达到某个最小质量才能够在自身引力下塌缩，这个最小质量被称为金斯质量（Jeans Mass），它正比于气体温度的平方，反比于气体压力的平方根。虽然第一代恒星形成系统的压力大致与今天的分子云相当，但由于第一代塌缩气体团块的温度要比今天的分子云高30倍，所以其金斯质量差不多要比今天的大1000倍。

在银河系附近的分子云中，金斯质量大约与一个太阳质量相当，科学家在这些分子云中观测到的前恒星（Prestellar）团块也大约是这个质量。由此我们可以推测，第一代恒星形成团块的质量大约是500~1000个太阳质量。这个预测符合上面提到的所有计算机模拟的结果，这些模拟最终给出的质量范围都在几百个太阳质量以上。

✦ ◯ ✦
第一代恒星的诞生与死亡

原初混沌

第一代恒星形成的过程与今天的恒星形成有很大不同，但正是其中一些恒星的壮烈牺牲为我们眼前宇宙的出现奠定了基础。

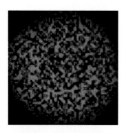

1．第一代恒星形成系统是个小型的原星系，其中绝大多数物质都是被我们称为暗物质的基本粒子（左图中红色）。普通物质主要是氢气（左图中蓝色），最初与暗物质混合在一起。

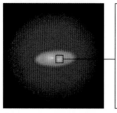

紫外辐射

2．氢的冷却使普通物质塌缩，而暗物质却保持分散状态。氢逐渐趋向原星系中心部分，形成一个盘状结构。

3．氢气盘中密度较大的部分塌缩成恒星形成团块，每个团块的质量都是太阳的数百倍。其中一些气体团块塌缩，形成质量巨大、光芒熠熠的恒星。

4．恒星发射出来的紫外辐射将周围的中性氢气离子化。随着越来越多的恒星形成，由离子气体构成的气泡相互合并，最终星系间只剩下离子化气体。

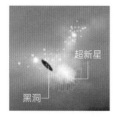

超新星

黑洞

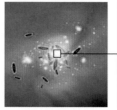

5．数百万年后，一些恒星爆发成超新星，结束短暂的一生。最大的恒星则塌缩成黑洞。

6．引力将原星系相互拉近，由此带来的星系碰撞很可能触发恒星的形成，正如今天星系合并的结果。

7．黑洞之间可能相互合并成为盘踞在星系中心的超大质量黑洞。盘旋在黑洞周围的吸积气体也许能够产生类星体状辐射。

我们小组的计算结果指出，对第一代恒星形成团块质量所进行的预测，与宇宙学上的假设条件（比如说初始密度涨落的具体构成）之间并没有太大关联。实际上，这些质量预测主要依赖于氢分子的物理性质，其次才是宇宙学模型或计算机模拟的技巧。造成这种情况的原因之一是，分子氢不可能将气体云冷却到 −70℃以下，这就对第一代恒星形成团块设置了一个温度下限。另一个原因是，在团块开始塌缩后，气体密度会逐渐增大，此时分子氢的冷却效率会降低，因此它们还没来得及发射出红外光子，就与另一个氢原子发生碰撞，这会使得气体温度升高，减缓塌缩的速度，直到团块累积到至少数百个太阳质量。

那么第一代塌缩的团块会经历什么样的命运呢？它们会形成一个大质量的恒星，还是会分散成一个个小团块（Fragmentation），形成很多较小的恒星？各研究小组都是在团块形成恒星的最佳时机做出预测，目前没有任何模拟结果显示它有分块的趋势，这符合我们对今天恒星形成的理解。观测和模拟都表明，只有在双星体系（Binary System，即两颗恒星相互绕转的系统）中，才会出现形成恒星的团块分散成一个个小团块的情况。由于分子氢较低的冷却效率会导致金斯质量很大，所以在原始云中发生分块的可能性微乎其微。不过，这些模拟未能给出团块塌缩的最终情况，所以它们形成双星体系的可能性仍然存在。

至于第一代恒星究竟有多大，不同的研究小组给出了不同的答案。阿贝尔、布莱恩和诺曼称这些恒星的质量不会超过 300 个太阳质量。而我们小组的结果表明，恒星的质量可能超过 1000 个太阳质量，当然这两个预测可能分别适用于不同情况：在宇宙最早期形成的恒星质量也许都不超过 300 个太阳质量，但对于更晚一些形成的恒星（塌缩自更大的原星系），它们的质量就可以达到 1000 个太阳质量。一般来说，由于反馈效应（Feedback Effect）的存在，人们要做定量预测很困难，比如说，一个大质量恒星形成后，会发射出密集的辐射和物质流（Matter Flow），这会把正在塌缩的团块的外围物质吹散，但是这些效应强烈依赖于气体中的重元素，因此在最早期恒星形成过程中，反馈效应的影响应该不那么重要。所以，我们可以推断，宇宙中的第一代恒星一般都要比太阳大很多倍，也亮很多倍。

宇宙复兴

第一代恒星对周围的宇宙会产生怎样的作用？一颗不包含金属的恒星最重要的特点就是，它们的表面温度要比太阳这样包含重元素的恒星更高。恒星中心如果缺乏金属元素，核反应效率会降低，星体就会变得更热更致密，这样才能产生足够的能量来抗衡自身的引

恒星一览

特征比较

计算机模拟就最早期恒星质量、大小及其他特征为科学家提供了一些参考。
下面列举了第一代恒星的最佳推测值和太阳的相应数据。

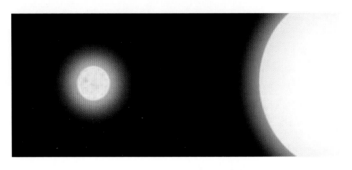

太阳
质量：1.989×10^{30}kg
半径：696000km
光度：3.85×10^{23}kW
表面温度：5507℃
寿命：100亿年

第一代恒星
质量：100~1000倍太阳质量
半径：4~14个太阳半径
光度：太阳光度的100万~300万倍
表面温度：100000~110000℃
寿命：300万年

力，这种致密结构会让恒星表面变得更热。布罗姆与夏威夷大学的罗尔夫－彼得·库瑞斯基（Rolf-Peter Kudritzki）和哈佛大学的勒布（Loeb）共同提出了一个理论模型，用以描述质量介于100~1000倍太阳质量的无金属恒星，他们的计算结果表明，这些恒星的表面温度大约在10万摄氏度，比太阳表面温度高17倍。因此，宇宙中的第一缕星光可能主要是紫外辐射（从非常热的恒星表面发射出来），在这批恒星形成后不久，这些星光（紫外辐射）就开始加热和电离恒星周围的中性氢（Neutral Hydrogen）和氦气。

我们将这个事件视为宇宙复兴的标志。尽管天文学家还未能估算出早期宇宙中究竟有多少气体聚成第一代恒星，但即便这个比例小到十万分之一，这些恒星也足以将剩下的许多气体离子化。第一代恒星一旦开始放出光芒，就会在每颗恒星周围形成一个不断增大的离子气体泡。在接下来数亿年时间里，随着更多的恒星逐渐形成，这些离子气体泡最终会相互融合，使得星系际气体（Intergalactic Gas）全部都处于离子状态。

加州理工学院和斯隆数字巡天（Sloan Digital Sky Survey）项目的科学家，发现了这个离子化过程谢幕时所留下的痕迹。研究人员在大爆炸后约 9 亿年产生的类星体光谱中，观察到了很强的紫外吸收现象。这个结果暗示，当时最后一部分中性氢也被离子化了。氦的离子化比氢需要更多的能量，如果第一代恒星像我们预测的那么庞大，它们就有可能同时将氦也离子化。不过，如果第一代恒星没这么大，氦就会被后来产生的强大辐射离子化，比如由类星体释放出的辐射。为了判断宇宙中氦离子化的准确时刻，我们会对遥远的天体进行更深入的观测。

假如第一代恒星确实非常巨大，那它们的寿命也就相对更短，只能维持几百万年。其中一些恒星会在死亡之际发生超新星（Supernova）爆发，将其内部核聚变产生的金属重元素喷射出来。根据理论预测，质量在 100~250 个太阳质量的恒星在发生超新星爆发时，能将自身物质完全吹散，而在第一代恒星中就有一些刚好处在这个质量区间。由于金属元素比氢元素能更有效地冷却气体云，促使其塌缩成恒星，所以即便只有少量的金属元素被散播出来，也会给恒星的形成过程带来重要影响。

我们与佛罗伦萨大学的安德烈亚·费拉拉（Andrea Ferrara）一道发现：当形成的恒星气体云中金属元素的丰度（Abundance，即比例）上升，超过太阳金属丰度的百分之一后，这些金属元素就能快速将气体云的温度冷却到宇宙微波背景的温度（宇宙微波背景的温度随着宇宙膨胀不断下降，大爆炸后 10 亿年为 −254℃，今天已经降到 −270℃）。这种高效的冷却过程，让更小质量的恒星得以形成，同时也可能加速了恒星形成的总体速率。实际上，直到第一批金属元素产生之后，恒星形成的步调可能才开始加速。如果情况果真如此，那么照亮和复兴宇宙可能主要是第二代恒星的功劳。

在这段恒星诞生活跃期的开端，宇宙微波背景的温度比今天分子云的温度（−254℃）还要高，此时形成的恒星往往具有较大的质量，直到宇宙微波背景温度降低到大爆炸后 20 亿年的水平，这种情况才结束。由此产生的结果是，在星系构建的早期，通过原星系的不断合并，大量大质量恒星得以形成。在今天的宇宙中，两个星系相互碰撞时也会出现类似现象，碰撞会触发一场星爆（Star Burst），恒星形成的速率会突然猛增。此类事件今天已经颇为罕见，不过有证据显示，在上述过程中产生的恒星，质量都相对更大一些。

让人迷惑的证据

上述有关早期恒星形成的假说，也许有助于我们解释目前宇宙的一些奇怪特征。其中一个问题是，如果金属元素的形成速率正比于恒星的形成速率，那么科学家目前观测到的各个星系含有的贫金属星数量，要比预期数量少。不过，如果早期形成过程产生的恒星相对更大一些，这种差异就能得到解释。因为大质量恒星在死亡过程中，会喷射出大量金属元素，这些金属元素会参与到后来的绝大多数小质量恒星的形成，导致今天我们所见到的贫金属星偏少。

另一个宇宙谜题是，在星系团内，星系间气体（能发射出 x 射线）中的金属元素高度富集。为了便于解释这个现象，我们假设，宇宙早期有一个大质量恒星快速形成的阶段，这个阶段之后，就是超新星爆发，因为大量爆发的超新星会让星系间气体的元素组成更加丰富。关于早期频繁的超新星爆发的假设，得到了一项证据的支持，那就是宇宙中大多数普通物质和金属元素，都存在于疏散的星系际介质（Intergalactic Medium）中。要想得到这样的物质分布，星系形成必须经历一个特殊过程，就是大质量恒星爆发式地形成，然后是密集的超新星爆发，将大多数气体和金属都驱散到星系之外。

质量超过 250 个太阳质量的恒星不会以爆发来结束生命，相反，它们会塌缩成同等质量的黑洞。上文提到的几个计算机模拟的结果显示，在第一代恒星中，会有一些质量超过 250 个太阳质量的恒星。由于第一代恒星形成于当时宇宙中密度最大的区域，它们塌缩成的黑洞犹如厝火积薪，会不断地吞食周围的物质，使自身体积变得越来越大。其中一些黑洞有可能最终盘踞在大型星系的中心区域，最终发展成为超大质量黑洞（Supermassive Blackhole），质量可达太阳的数百万倍，正如我们今天在星系核（Galactic Nucleus）中找到的那些。

不仅如此，天文学家相信，正是盘旋在大型星系中心黑洞周围的气体，为类星体提供了能量的源泉。假如在某些第一代原星系中，形成了质量较小的黑洞，那么这些黑洞吸积的物质有可能产生"迷你类星体"（Mini Quasars），这种天体在第一代恒星形成之后不久就会出现，从而为早期宇宙带来更多的光和离子辐射。

至此为止，一幅有关宇宙早期历史的图像正慢慢浮现，虽然部分细节还有待讨论，但可以说正是第一代恒星和原星系的形成，才开创了宇宙的演化过程。众多证据都将这个恒星形成、星系构造和类星体活动都最为密集的时期，指向大爆炸之后数十亿年，从那之后，上述现象随着宇宙年龄的增加都呈现出衰退之势。今天的宇宙，更倾向于在更大尺度上的演化，比如说星系结合成星系团。

　　未来，研究人员希望对这一故事的开篇有更多的了解，宇宙的结构便是在那时，从最小的尺度开始演化。由于第一代恒星中的大多数都质量超群、亮度不凡，所以作为哈勃（Hubble）继任者的下一代空间望远镜——詹姆斯·韦伯太空望远镜（James Webb Space Telescope），也许能一窥这些古老的星体。到那时，天文学家有望直面那个黑暗、混沌的宇宙，看它是如何孕育出最终给我们带来光明和生命的璀璨天体。

探秘恒星诞生地

史蒂文·W.斯塔勒（Steven W.Stahler.）

美国加利福尼亚大学伯克利分校的理论天体物理学家，他和弗朗西斯科·帕拉（Francesco Palla）一起撰写了有关恒星形成的第一本全面教科书《恒星形成》（《The Formation of Stars》）。

精彩速览

- 恒星在星团中形成，而星团则包裹在气体与尘埃混合而成的星云中。
- 在银河系中可以看到三种类型的星团，它们具有不同的结构和演化历史。
- 孕育星团的母星云的初始质量可能是产生这些差异的原因，母星云的初始质量会影响星团内部引力收缩与扩张的平衡。
- 母星云散去后，留下的就是星团里的恒星集群。

夜空是星星的领地。在每一个方向上，明暗不同的恒星充满天际。一些星星看上去构成了特殊的图案，被称为星座。尽管这些图案很有趣，但绝大部分只不过是人类思想在天空中的投影。在银河系和其他星系中，大多数的恒星彼此之间并没有真正物理上的联系。或者，至少现在已不存在这样的联系了。

每一颗恒星其实都诞生于一个恒星集群之中，周围簇拥着日后会渐行渐远的、年龄相仿的兄弟姐妹。天文学家之所以知道这一点，是因为这样的"恒星育婴室"至今仍有一些存在，它们被称为星团。猎户星云的星团也许是其中最著名的，在哈勃望远镜下，猎户星云星团的恒星在朦胧的尘埃和气体云中闪闪发光。在户外你能看到昴星团，它是金牛座中一片模糊的光斑。

星团间差异巨大，有的只是几十个成员的脆弱联盟，而有的则是数百万颗恒星的集合。一些星团非常年轻——年龄只有几百万年，另一些则诞生于宇宙创生初期。在它们之中，我们能找到处于恒星生命周期任意阶段的恒星。实际上，我们今天对星团的观测结果，就是现在学界所采纳的恒星演化理论的主要证据。恒星演化理论是20世纪天体物理学的伟大成果之一。

然而，我们对于星团自身的内部机制和演化却所知甚少。该如何解释我们观测到的星团的多样性呢？我们对单颗恒星可谓了解，而对形成它们的摇篮却知之甚少。

20多年前，我第一次遇到了这种具有讽刺意味的情形，当时我正和意大利阿切特里天体物理观测台（位于佛罗伦萨）的弗朗西斯科·帕拉（Francesco Palla）合作，着手撰写一本有关恒星形成的研究生教科书。那时，我们两人会定期来往于加利福尼亚州伯克利市和佛罗伦萨之间。当我们跟踪这个广袤领域的许多研究分支时，有关星团的未解之谜一直潜藏在我们的思绪中。

一个下午，当我们在伯克利喝咖啡时，我突然有了一个念头。无论年龄和大小，也许相同的物理机制控制着所有的星团，也许一个简单变量就能解释这些机制作用在星团上的方式——这个变量就是每个星团的母星云的质量。为了证实我的想法，此后几十年，我把大部分时间都用在了收集证据上。

恒星诞生地

当我开始这一研究工作时，对于恒星如何形成，以及它们形成于什么类型的星团里，天文学家已经有了很深入的了解。恒星并非成形于真空，它们形成于巨大星云中，这些星云主要由氢分子和其他元素以及少量尘埃构成。这些星云散布于所有的星系中，每一个都会产生引力——不仅作用于恒星和星云之外的其他天体，还作用于星云自身之中的区域。由于星云自身的引力，那些气体和尘埃特别稠密的区域会塌缩成原恒星（Protostar）。通过这种方式，由几十到数千颗恒星组成的星团便可以在星云中孕育而生。

星团演化理论

一个机制，三种结果

　　银河系中三类最容易观测的星团都始于一片弥漫的尘埃和气体云，其中的一些区域会凝聚形成恒星。本文作者提出，用一个因素——其母星云的质量——就可以解释星团在随后的演化和结构上的差异（见下图）。最初，星云收缩，加速产星，其产星速率由初始质量决定：星云质量越大，收缩得越厉害，产星速率越快。然后，星团会膨胀，膨胀程度取决于当前恒星的数量和种类，星云则会部分或完全消散。

初始星云	收缩中的星云	观测到的状态

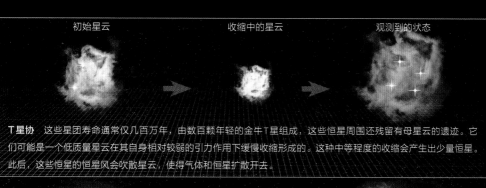

T 星协　这些星团寿命通常仅几百万年，由数百颗年轻的金牛 T 星组成，这些恒星周围还残留有母星云的遗迹。它们可能是一个低质量星云在其自身相对较弱的引力作用下缓慢收缩形成的。这种中等程度的收缩会产生出少量恒星。此后，这些恒星的恒星风会吹散星云，使得气体和恒星扩散开去。

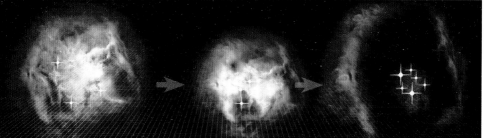

OB 星协　这些星团可以维系在一起达 1000 万年。OB 星协由数千颗恒星紧密聚集在一起，其中包含了一些质量很大的 O 型恒星和 B 型恒星。为了形成如此稠密的星团，其母星云必须质量极大且收缩得非常快。大质量的 O 型和 B 型恒星所发出的强烈紫外辐射随后会撕碎其母星云，于是该星团就会膨胀并最终瓦解。

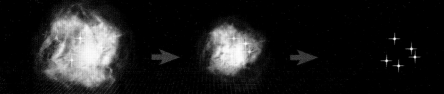

疏散星团　三类星团中寿命最长的疏散星团能存在数亿年，但它们的成员恒星要远少于 OB 星协。这些星团可能形成于中等质量星云的收缩过程中。虽然其中的恒星风也会吹散星云，但该星团在非常长的时间里都不会瓦解。

证据

过去的理论

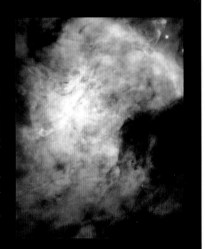

　　猎户星云星团是猎户星云（见下图）中的一个OB星协，来自猎户星云星团的数据支持了作者的理论，即星云会在星团演化的早期收缩，随着母星云密度升高，恒星形成的过程会加速。该星团中的恒星形成止于约10万年前，但到那时其母星云则可能已收缩了数百万年。为了证明母星云确实发生过收缩，作者首先根据温度和亮度确定了该星团中年轻恒星（左图中的黄点）的年龄。通常，红线代表极为年轻的恒星，它们最近才在光学波段上可见，这些恒星随着年龄的增长会变得越来越热、越来越暗（左图中白色箭头），直到抵达图中的蓝线。因此，一颗恒星在红线和蓝线之间的位置就代表了它的年龄。

　　随后，作者以100万年为一组计算了该组恒星的总质量（相对于太阳质量），由此揭示出了在那一时期中该星团里的恒星形成率（右图）。结果表明，随着时间推移恒星产量会急剧增加，正如理论模型所预言的（白线）那样。

测定年轻恒星年龄

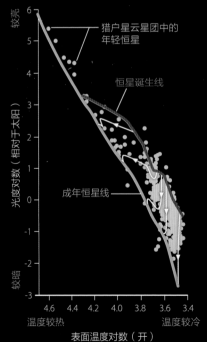

猎户星云星团中的年轻恒星

恒星诞生线

成年恒星线

较亮 6
5
4
光度对数（相对于太阳）
3
2
1
0
-1
-2
较暗 -3

4.6　4.4　4.2　4.0　3.8　3.6　3.4
温度较热　　　　　　　温度较冷
表面温度对数（开）

恒星形成加速

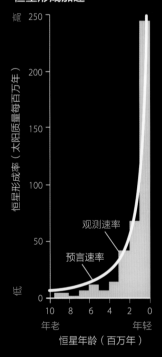

观测速率

预言速率

高 250
200
恒星形成率（太阳质量每百万年）
150
100
50
低 0

10　8　6　4　2　0
年老　　　　　　　年轻
恒星年龄（百万年）

依据年龄以及恒星的数目和密度，星团通常可分为五种类型。最年轻的恒星集群被称为内埋星团（Embedded Cluster），位于浓密的星云中，因而在这种星团中，恒星发出的可见光完全被遮挡，我们只能看到被恒星加热的尘埃发出的红外辐射，无法辨别这些原始星团的精细结构——这是一个永恒的谜题。

相比之下，球状星团（Globular Cluster）则是最古老、成员最多的恒星集群。球状星团的年龄可以追溯到宇宙初期，它们可以将多达100万颗的恒星极为紧密地包裹在一起。这些成熟星团的母星云已经消失，其中的恒星清晰可见。然而，即便是最近的球状星团也与银河系的银盘有着相当远的距离，因此天文学家也难以详尽地研究它们。于是，为了有可操作性，我把研究目标限定在了三类星团上，这三类星团位于银河系银盘的平面上，因此最好观测。恒星分布最稀疏的那种星团叫作T星协（T Association），因为它主要由最常见的年轻恒星——金牛T星组成（太阳在"年幼"时也属于金牛T星）。每一个T星协都包含有多达几百颗这样的恒星，但并未被母星云完全遮蔽。T星协的持续时间不会很长，其中已观测到的最老T星协的年龄约为500万年，这从宇宙的角度来看，只是一眨眼的工夫。

科学家已经知道，T星协中母星云的质量要远大于其中恒星质量的总和。我想，这一特征可以解释，这些星团为什么寿命较短。质量决定引力的强度：质量越大，引力就越强。因此，如果一个星团中，母星云的质量远大于其成员恒星的总质量，那么这个母星云的引力——而非恒星施加在彼此身上的引力——必定会把该星团维系在聚集状态。如果这个母星云消散了，恒星就会四散开去。天文学家认为，是恒星风（Stellar Wind，由恒星表面向外喷射出的有力气流）最终吹散了T星协的母星云，释放出了先前被束缚在一起的这些恒星。

银河系中，另一类容易观测的恒星集群被称为OB星协，这个名字来自其中的两种特别的恒星，即宇宙中最明亮且质量最大的O型和B型恒星。通常来说，OB星协所含恒星的数目大约是T星协的10倍，其中还有少量O型和B型恒星。猎户星云星团就是一个为人所熟知的例子：它位于约1500光年之外，由4颗大质量恒星和约2000颗较小质量恒星组成，也包括了许多金牛T星。在银河系中，猎户星云星团是距离我们较近的区域里恒星密度最高的。

所有年轻的OB星协都有着类似的高密度，它们都由质量特别大的母星云形成。然而，尽管这些系统有着极强的引力，但较年老的OB星协中，恒星却不是逐渐分散的，而是高速地冲向宇宙空间。天文学家之所以知道这一点，是因为从同一个成熟OB星协的、间隔仅几十年的两张图像就能看出，恒星间的距离变远了。

这种快速扩散的原因之一是，这些恒星一开始就运动得很快。OB星协母星云的极端引力驱使着其中的恒星高速运动。年轻的OB星协里充满了高速运动的恒星，它们已经为母星云消散后逃出团做好了准备。另外，在O型和B型恒星的短暂寿命中，它们会发出强烈的紫外辐射，把OB星协的母星云笼罩其中。和太阳一样，这些恒星也是由核聚变驱动，但它们燃烧得更迅猛。例如，一颗典型O型恒星的质量是太阳的30倍，而它耗尽燃料只需要几百万年的时间。

在这一自我牺牲的过程中，这些恒星会发出强劲的紫外辐射，后者会电离周围的气体——效果上等同于点着了母星云。猎户星云星团中，尘埃和气体正是在这一电离作用下发光。随着母星云烧尽，引力就会减小。当大质量恒星最终死去，且母星云也消散时，该系统的引力就无法再束缚质量较小的高速恒星，它们会飞一般地扬长而去。

因此，T星协和OB星协最终都会解体，无论是通过慢慢的磨耗还是剧烈的骚动，结果都会这样。然而，银河系中，更为少见的第三类恒星集群却极其稳定。它们被称为疏散星团（相对于球状星团），拥有约1000颗普通恒星，可以持续存在数亿年甚至数十亿年。而它们的星云和星云产生的引力则早已消失。

昴星团就是一个疏散星团。它的年龄为1.25亿年，其母星云在1.2亿多年前可能就已消散。在天空中，距离昴星团不远处是同样著名的毕星团，其年龄为6.3亿年。在银河系的外围还有几十个年龄甚至更大的疏散星团。由1000颗恒星组成的疏散星团M67则形成于40亿年前。

就算是疏散星团也不是不朽的，因为鲜有比M67年龄更大的疏散星团。天文学家相信，最终，当它们与其他星云近距离交会时，星云的引力会撕开并瓦解这些系统。不过，疏散星团仍有一个令人头痛的问题。在过去几十年里，科学家基本上弄清楚了，母星云消散是如何导致T星协和OB星协解体的，但是他们却无法回答，为什么疏散星团中的恒星能在母星云消散的情况下，仍维系在一起好几百万年。

收缩与膨胀

当撰写有关恒星形成的教科书时，我有充分的理由来思考星团的多样性。我把疏散星团的谜题视为一系列更大问题的一部分：为什么银河系只存在有限种类的星团？星云是如何"决定"它要制造何种星团的？

我考虑了在星团中起作用的各种机制。汇总到一起，我研究的这三类星团的生命阶段，都指向了两个相互对立的过程：由母星云引力导致的收缩，以及由恒星风和辐射电离所推动的膨胀。每一个可以孕育恒星的星云，都会在不同程度上遵从这两种相反的作用。在T星协和OB星协中，膨胀最终获胜。在疏散星团中，膨胀和收缩似乎处于平衡状态，至少在恒星形成的关键时期是如此。

我推断，星云中各种力的平衡决定了它自己以及它产生的星团的命运。而且我怀疑，这一平衡的关键也许就在于母星云的初始质量。正如我已经解释过的，星云的质量无疑决定了它的引力，星云的引力又决定了收缩的速率。另外，星云的质量还决定了它可产生的恒星的数量。例如，一个低质量的星云会收缩得较慢，密度缓慢升高，只形成少量的普通恒星。此后，这些恒星的恒星风会逐渐吹散该星云，将收缩的趋势逆转，释放恒星。这一过程与今天在T星协中观测到的相符。

而在另一个极端，质量大一个量级的星云则会经历快速收缩，在小范围内形成许多新的恒星。最终，这些星云核心区域的密度会非常大，以至于只会形成少量的大质量恒星。此后，如我们在OB星协中所看到的，这些大质量恒星发出的强劲辐射会很快吹散该星云，其中高速运动的恒星则会向外运动。

最终，似乎存在这样一种可能性：在质量适中的星云里，这两种效应会彼此平衡，这些星云收缩的速率和质量流失率相同。结果是这个星云会不断制造出紧密聚集的年轻恒星，但不会制造出大质量恒星。即便恒星风吹散了星云，相互靠近的恒星间的引力，也足以在很长的时间里束缚住彼此，正如疏散星团一样。

星云收缩

我提出的作用力平衡理论（Force-Balance Theory）描述了母星云的初始质量如何决定收缩和膨胀这两股力量间的相互作用，以及由此形成的星团是如何演化的。然而，尽管天文学家能直接观测到OB星协的膨胀和瓦解，但还没有人掌握星云是否发生过收缩的证据，星云收缩的方式是否和作用力平衡理论所描述的一样，就更不知道了。这些收缩现象必定发生在星团形成的极早期，但问题是，最年轻的星团——内埋星团——是无法直接观测到的。我不得不想一个办法来证明，比较成熟的星团在很久之前曾经历过收缩阶段。

20世纪50年代末，美国加州理工学院的天文学家马腾·施密特（Maarten Schmidt）的研究给了我启发。施密特的观测发现，新恒星诞生的概率取决于周围气体的密度。因此我推测，如果母星云确实在过去发生过收缩，其密度就会升高，恒星形成也会加速。所以，我的理论假定，每个星团在遥远的过去都存在一个恒星加速形成的阶段。

为了检验这一预言，我首先要弄清楚，如何测量星团中恒星的形成速率。幸运的是，恒星演化理论提供了一条途径。这个理论描述了还没有开始消耗核燃料的年轻恒星——例如金牛T星——是如何随时间演化的。金牛T星的质量和亮度都与太阳相当，但它并不是因为核聚变而发光，它辐射出的是因自身引力而收缩所产生的热量。随着时间推移，其收缩的速率会放慢，而它们的表面温度则会持续上升。因此，随着它们的年龄增长，这些恒星会以可预见的方式变得越来越暗、越来越热。

如果你知道了一颗金牛T星的表面温度、亮度以及它与地球的距离，就能知道它已经收缩了多久——实际上，你就知道了它的年龄。我意识到，综合星团中所有这些恒星的年龄结构，可以揭示出该星团中恒星形成的历史——恒星是何时形成的，形成速率随着时间推移有着怎样的变化。

对于近距离恒星集群，使用这一方法来研究并不困难，所需的数据绝大部分都易于获取。我和帕拉发现，所有仍持有丰富星云气体的恒星集群，其总的恒星形成速率一直在随着时间上升。例如，我们在2000年公布的数据显示，在猎户星云星团的母星云消散前，有数百万年时间里，恒星形成速率都在加速。这一发现让我相信，我的许多假设是正确的：所有能产生出星团的星云在其早期可能都存在过收缩的情况。

2007年，当时还是研究生、目前在美国俄亥俄州立大学的埃里克·赫夫（Eric Huff）和我一起建立了一个有关猎户星云星团母星云的理论模型。我们的模型包括了作用力平衡理论提出的收缩和膨胀作用。在根据这个模型进行的计算机模拟中，模拟出的星云正如我们所预言的那样发生了收缩。随后，通过施密特的观测和许多后续观测，我们推导出了一个命名为施密特－肯尼科特定律（Schmidt-Kennicutt Law）的经验方法，来展示星云中部分区域密度的升高，是如何影响这部分区域的恒星形成速率的。

我们的模型得出的结果是，恒星会加速形成，而我和帕拉根据猎户星云星团中恒星年龄所做的推断，也得到了类似的结果。这一额外的发现进一步确证了作用力平衡理论的假设，即母星云会在星团演化的早期收缩。

星团膨胀

遗憾的是，我的方法能用来测量和模拟猎户星云星团中早期恒星的形成速率，但无法用到疏散星团身上，这些奇怪的恒星集群没有任何母星云的踪迹，却仍被引力维系在一起。星云收缩和恒星形成阶段仅持续几百万年，而绝大多数的疏散星团年龄太大，这个阶段相

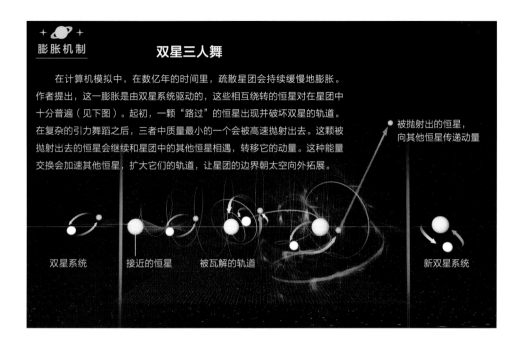

膨胀机制

双星三人舞

在计算机模拟中，在数亿年的时间里，疏散星团会持续缓慢地膨胀。作者提出，这一膨胀是由双星系统驱动的，这些相互绕转的恒星对在星团中十分普遍（见下图）。起初，一颗"路过"的恒星出现并破坏双星的轨道。在复杂的引力舞蹈之后，三者中质量最小的一个会被高速抛射出去。这颗被抛射出去的恒星会继续和星团中的其他恒星相遇，转移它的动量。这种能量交换会加速其他恒星，扩大它们的轨道，让星团的边界朝太空向外拓展。

被抛射出的恒星，向其他恒星传递动量

双星系统　　接近的恒星　　被瓦解的轨道　　　　　　　　　　　新双星系统

对于它们的总寿命而言仅是沧海一粟。辨别恒星年龄的工具则几乎达不到这样的分辨率。而且，我们也还无法模拟疏散星团的母星云——这些星云在极为遥远的过去就消散了，我们甚至无法猜测它们的质量和运转情况。到目前为止，即便是间接观测都无法触及疏散星团演化的早期阶段。

但是，使用一种名叫N体模拟（N-body Simulation）的方法，可以构建模型，模拟母星云已经消失的疏散星团的演化过程。在这些模拟中，计算机会对复杂且纠缠在一起的方程组求解（这些方程描述了在相互引力作用下的多个天体的运动）。作用力平衡理论提出了最初的产星收缩，而这一方法则阐明了在这之后，疏散星团中又发生了些什么，而且还让科学家对导致星团膨胀的机制有了全新的认识。

虽然疏散星团非常稳定，但它们并非永恒不变。在疏散星团中，恒星之间的相互引力会缓慢而持续地搅动星团，使得恒星之间彼此迂回曲折地运动，就像蜂房中的蜂群。N体模拟可以描述这一引力搅动所产生的恒星运动。这种模拟方法也十分高效，用一台标准的台式计算机就能模拟类似昴星团这样有着1200颗恒星的星团的演化。几年前，我和当时还是研究生、目前在美国托莱多大学任职的约瑟夫·M.康弗斯（Joseph M.Converse）用这一方法再现了昴星团的历史。我们的方法是，先猜测一个初始条件，然后让星团在此基础上演化 1.25 亿年。我们把模拟出的星团和实际的情况进行比较，然后修改初始条件，直到 N 体模拟能得到一个和真实星团一样的模拟星团。

我们看到的情形着实让我们吃惊不小。母星云散去以后，虽然昴星团看上去处于引力的掌控之下，但几乎一直在膨胀，恒星以持续稳定的步伐相互远离。而这一结果和先前的分析相左。先前的分析预测，疏散星团中的恒星会缓慢地分层，质量较大的聚集到内部，质量较小的则构成星团的外层。这一分层结构被称为动力学弛豫（Dynamical Relaxation），描述了被引力束缚的星团如何随时间演化。例如，我们已经知道，球状星团就是以这种方式演化的。然而，就算我们让 N 体模拟运行至 9 亿年后的未来，它依然会继续膨胀。这让我们看到了 10 亿岁时，昴星团是什么样子——它膨胀了，但依然完整。

这一发现说明，传统的分析忽略了主导星团演化的平衡机制中的一些关键因素。是什么驱动了疏散星团的均匀膨胀？我和康弗斯证明，其中的关键是双星：紧密地相互绕转的一对恒星，它们在星团中极为常见。现就职于英国爱丁堡大学的道格拉斯·赫吉（Douglas Heggie）在 20 世纪 70 年代中期所进行的模拟显示，当有第三颗恒星接近这样的双星时，这三者会上演一场复杂的"舞蹈"，此后，三者中质量最小的一个通常会被高速抛射出去。被抛射出的恒星很快就会遇到星团中其他的恒星，与它们分享自己的能量，增加它们的轨道速度，以此有效地"加热"星团。在我们的 N 体模拟中，正是来自这些双星的能量，使得疏散星团发生了膨胀，尽管这一膨胀很缓慢，不易被天文学家注意到。

犹存的谜题

我提出星云初始质量决定了星团结构及其演化之后，我对星团的研究则为这种说法提供了一些证据。这一工作还为未来的研究指明了有前景的方向。例如，天文学家应该想办法来观测我的研究所预言的疏散星团的均匀膨胀。

不过，我的发现也显示，许多有关星团的事情我们至今仍不了解。尽管计算机模拟取得了进展，但我们依然无法建立模型，去模拟母星云中的特定区域是如何变稠密，进而形成恒星的。几十年的射电和红外观测，也没有揭示出这些星云内部运动的模式。恒星集群的出生阶段、位于浓密尘埃中的内埋星团阶段仍隐匿未知。

然而，我和同事所创建的作用力平衡模型能帮助我们搞清楚恒星集群的出生阶段和星团演化的其他方面的更多细节。通过综合分析研究和 N 体模拟，我们希望证明，一个质量流失率和收缩率相等的星云，确实会产出一个类似疏散星团那样的引力束缚系统。我们还希望通过建模来研究，初生的T星协是如何逆转星云收缩，然后散入太空的。例如，恒星风真的起到了天文学家所认为的关键作用吗？

这一研究的影响将远超星团的范畴。虽然对银河系中恒星集群的研究长期停滞不前，但它很快就将成为其他研究的中心。例如，一些天文学家相信，太阳就形成于一个拥挤的OB星协中，正是近距离的恒星对太阳周围气体和尘埃盘的扰动，塑造了我们的太阳系。而孕育了星团的星云也在星际介质和星系整体演化中扮演了重要角色。因此，要想弄清楚太阳系的诞生以及所有其他天体的过去和未来，关键线索可能就藏在星团之中。

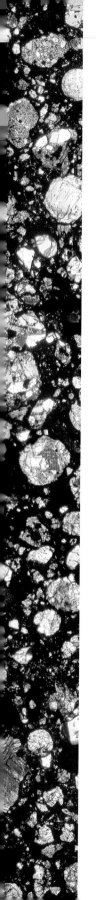

亿年陨石暗藏起源之谜

艾伦·E.鲁宾（Alan E.Rubin）

美国加利福尼亚大学洛杉矶分校的地球化学家，研究各种各样的陨石。除了科学论文之外，他还撰写了近30篇有关空间科学的科普文章以及《纷乱太阳系》（Disturbing Solar System）一书。由于像其名字，他注意到第6227号小行星艾伦鲁宾有稍大的偏心率，很有可能会撞上地球。

精彩速览

- 球粒陨石是由形成行星、卫星、小行星和彗星的物质构成的。每一种球粒陨石都有特有的质地和组成特性。
- 根据这些特性，本文作者和其他科学家推测出了不同球粒陨石形成的大致地点，以及这些区域中尘埃的含量。
- 这一尘埃的分布，与多颗金牛T星（质量和太阳相同、年仅100万～200万年的极年轻恒星）周围由尘埃和气体组成的原行星盘类似。这一相似性表明，金牛T星系统类似于早期的太阳及其周围的盘。

我很同情某些天文学家。他们只能通过电脑屏幕上的图像，或者摄谱仪投射出的光波，来研究他们钟爱的那些遥远天体——恒星、星系、类星体。但我们这些研究行星和小行星的人，很多都能摸到心爱的天体，让它们显露出最深层的秘密。当我还是天文学专业的本科生时，我会在寒冷的夜晚，花大量的时间，用望远镜来观测星团和星云，但我敢保证，拿着一块小行星的碎片会更有满足感，它让你和看似遥远而抽象的宇宙有了实质上的接触。

让我着迷的小行星碎片绝大多数是球粒陨石。这种陨石占已知陨石的80%以上，因几乎都含有粒状体而得名。粒状体是由熔融物质构成的微小颗粒，通常比米粒还小，形成于太阳系的早期小行星成形之前。当我们在显微镜下观看球粒陨石的薄切片时，它们美不胜收，就像瓦西里·康定斯基（Wassily Kandinsky）和其他抽象画家的画作一样。

球粒陨石是科学家触手可及的最古老的岩石。放射性同位素测年显示，这些陨石可以回溯到45亿多年前，行星还未形成之时，当时的太阳系还是一团湍动且旋转的气体和尘埃——天文学家称其为太阳星云。球粒陨石的年龄和成分说明，组成它们的原初物质也是最终构成行星、卫星、小行星和彗星的原材料。

绝大多数科学家相信，粒状体是在剧烈事件中，富含硅酸盐的尘埃团块熔化成液滴之时形成的。这些小液滴会快速固化，和尘埃、金属及其他物质一起聚合，形成球粒陨石，然后它们会形成小行星。小行星间的高速碰撞会使它们碎裂，这些碎片中的一些最终会掉到地球上，成为陨石。与球粒陨石的直接接触，真正吸引我的地方并不是美学问题，而是这些陨石形成于太阳系初期，它们可以带我们回到地球形成时的太阳系，看看那时的环境。

但是正如人类学家所知道的，找到化石只是重建历史的第一步。这些发现需要放进一个背景框架中。然而，由于我们非常缺少有关这些岩石精细结构的数据，因此，推测不同球粒陨石的形成地点和它们形成时的环境其实很困难。几年前，我对球粒陨石所有的物理特性进行了系统检测，填补了此前的许多重要空白。通过这些数据，根据球粒陨石的诞生地，我编制了一幅太阳星云的粗略结构图。

值得注意的是，在这幅图中，尘埃的分布与一些金牛T星系统大致相同。金牛T天体的光度会无规则变化，并为大量气体所围绕，因此它们被认为是年轻的恒星。这些恒星中，很多周围都有尘埃盘。太阳星云尘埃分布图与金牛T星系统结构的一致性，证明了后者是类似太阳系这样的系统的前身。因此，通过球粒陨石，我们不仅能探索遥远的过去，还能让我们对银河系其他年轻恒星系统有更深入的认识。同样，随着科学家了解更多有关这些系统的物理过程，他们就能更好地认识太阳系中小行星和行星形成的机制。

球粒陨石的特征

为了分析球粒陨石，探索原始的太阳系，行星科学家首先要准确知道这些陨石的特性。根据一定的特性，比如整体化学组成，同位素（质子数相同但中子数不同的元素）比例，粒状体的数量、大小和类型，含有粒状体和其他物质的紧实尘埃体的个数等，科学家把球粒陨石分为12个基本类型，由于每个类型的球粒陨石都有独特的物理、化学和同位素特性，因此落到地球上的不同类型的球粒陨石必定来自不同的小行星。科学家已经创造性地炮制出了许多模型，来解释这些不同类型的球粒陨石最初是如何形成的，比如在星云的中平面内，气体湍流和磁场的强度、各种粒子的速度等。然而，从本质上说，最终结论都是含糊的一句话：不同类型的球粒陨石形成于"不同环境"下。

为了更好地了解"不同环境"到底是哪些环境，我从2009年开始挖掘文献，旨在构建一个表格，列出主要球粒陨石的重要特性。一旦有这张表格在手，我就可以分析在这些可能暗示着每一类陨石过往历史的特性之间到底有什么关系。但是，我想构建的这张表格大半都还空着，而且似乎鲜有科学家想去收集这类数据。

唯一的办法是自己动手。为此，我坐在显微镜前，仔细观察了91张来自53块不同类型球粒陨石的切片。在30 μm 的厚度下，许多矿物质会变得透明，可以研究它们的光学特性。这些切片呈现出了大小、形状、质地和颜色各异的多种粒状体。分析上千个粒状体无疑是冗长乏味的，但通过坚持"显微天文学"训练，我成功地在几个月的时间里完成了这张表格。我的发现并没有完全解决"不同环境"的谜题，但这些结果却可以更全面、更详细地反映不同类型的球粒陨石形成于太阳星云何处，以及那里的环境又是怎样的。

首先来看一类罕见的顽辉石球粒陨石，它们大概只占在地球上已找到的球粒陨石总数的2%。这些陨石以含量最多的矿物质顽辉石（$MgSiO_3$）命名，以其铁的总含量不同可以划分成高铁（EH）和低铁（EL）两种。科学家已经发现，这些球粒陨石中，氮、氧、钛、铬和镍同位素的丰度与地球和火星相同，由此可以推测，顽辉石球粒陨石可能形成于火星轨道之内，比其他类型的球粒陨石的可能诞生地更靠近太阳。

第二类则是普通球粒陨石，以其铁含量和形式，可进一步划分成3个不同但紧密相关的子类——以H、L和LL标记。"普通"代表它们常见，占地球上已知陨石总数的74%。这三类球粒陨石如此众多，这可以说明，它们诞生的那个地方很容易受到引力影响，因此它们才能来到地球。

美国加利福尼亚大学洛杉矶分校的约翰·沃森（John Wasson）提出，普通球粒陨石来自小行星带中央靠近太阳的区域。在12年的时间里，到太阳距离为日地距离2.5倍（2.5个天文单位）的小行星会正好绕太阳转动3圈；而在相同的时间里，距离太阳5.2个天文单位的木星则正好绕太阳1圈。这一共振意味着，木星巨大的引力会定期地拖曳这些小行星，最终把许多小行星驱赶到内太阳系。在瑞典，科学家发现了几十块年龄约4.7亿年的普通球粒陨石，这表明普通球粒陨石来到地球，花的时间确实相当于太阳系45亿年历史的10%以上。

第三类是罕见的鲁穆鲁蒂（或R）球粒陨石（以其在肯尼亚的唯一发现地命名），这种陨石的许多化学特性都与普通球粒陨石相似，但前者有更多的体物质，其中氧17也要比氧16多。太阳星云中的高温通常会使同位素的丰度相等，一个天体距离太阳越远，就越有可能保留氧同位素的差异。这一同位素含量上的差异说明，比起普通球粒陨石，R球粒陨石诞生的地方离太阳更远。

　　由于高温同时还会破坏有机化合物，因为在碳粒陨石中可以找到的有机物比其他类型的球粒陨石更多，因此，几乎可以断定，碳粒陨石是在比R球粒陨石更远的距离上绕太阳转动。碳粒陨石自身又可以分为六大类，根据化学成分、同位素和结构特性，它们又分别来自太阳星云的特定位置。

粒状体上的线索

　　除了化学成分外，球粒陨石的内部结构也可以揭示在陨石形成的环境中尘埃的含量。在太阳系演化的各个阶段，尘埃都是至关重要的。随着形成太阳和行星的原始物质云塌缩，尘埃颗粒会更有效地吸收红外辐射；这个过程会使星云中心的温度上升，最终导致原恒星的形成。此后，尘埃（和距离中心更远的冰一起）会沉降到星云的中平面，凝结成较大的团块，最终形成大小从几米到几十千米的多孔星子。这些星子中的一些会熔化。各种熔化和未熔化的星子最终形成了行星；彗星和小行星则最有可能吸积组成更均一的未熔化星子。

　　揭示特定球粒陨石诞生处尘埃丰度的线索之一，便是来自粒状体中硅酸盐核心周围充满尘埃的壳层。例如，特定碳粒陨石中的粒状体通常会包含一个核（即主粒状体），而在外围还有一个由与主粒状体成分类似的熔融或火成物质构成的二级球壳。二级球壳常常

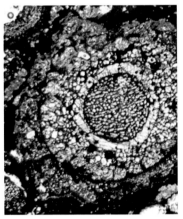

第四类是特定的球粒陨石，例如上图中的碳粒陨石（在显微图像中），其粒状体倾向于大而复杂，含有一个硅酸盐核（中心球，且外有一层薄壳），核心周围是二级壳层（较厚的壳），最外层是火成边缘（不规则区）。在尘埃包裹住一个已有粒状体并熔化后，就形成了这些壳层和边缘。它们的存在表明，粒状体诞生于太阳星云中的多尘区域，而非少尘区域。

还会被一个名为火成边缘的三级球壳所包围，组成三级球壳的矿物颗粒比主粒状体中的更精细。

许多研究陨石的科学家认为，在初次熔化事件之后凝固而成的原始粒状体会拥有一个多孔的尘埃壳层，随后又会经历一次中等量级的熔化事件，熔化了这一壳层，但未触及其内部的粒状体，由此形成了二级球壳。此后，能量更低或者持续时间更短的熔化事件产生了火成边缘。简单地讲，拥有大量"嵌套壳层"结构的粒状体的球粒陨石，似乎形成于多尘的环境中。

多次熔化的过程可能发生于多个时期，在这期间，粒状体会陷入尘埃中，自然长成更大且拥有较厚二级壳层和火成边缘的粒状体。因此，这些特征表明，在粒状体形成的环境中存在大量的尘埃。包裹在尘埃中的粒状体也会比其他粒状体冷却得更慢，因为热量无法快速辐射出去。而相对较慢的冷却会促进挥发性元素的蒸发，比如钠和硫。虽然绝大多数挥发性物质都会聚集在尘埃的周围（最终被吸纳入球粒陨石中），但其中的一些仍会流失掉。因此，含有尘埃较多的较大粒状体的球粒陨石，其中钠和硫的含量应该低于那些粒状体形成于少尘环境中的球粒陨石。我发现事实确实如此。

结合上述结果与其他信息，比如陨石母小行星的位置信息，我得到了一张早期太阳系尘埃分布草图（见上图）。可能形成于火星轨道靠近太阳一侧的顽辉石球粒陨石，必定位于少尘区，因为这些陨石几乎没有有壳层或边缘的粒状体，就算有边缘也很薄。距离太阳更远一些的普通球粒陨石和R球粒陨石，则显示出了更多尘埃的迹象——在陨石的粒状体中，拥有火成边缘的比例更高，其边缘也要比顽辉石球粒陨石的更厚。

碳粒陨石所在的区域尘埃密度最大，因为在这类陨石中，粒状体最大，拥有二级壳层和火成边缘的粒状体最多，这些陨石又被称为CR、CV和CK类型。而在CM和CO碳粒陨石所处的、距离太阳更远的区域，尘埃密度则逐渐降低，在这些类型的陨石中，粒状体要小得多，具有二级壳层和火成边缘的粒状体也少很多。在更遥远的CI型碳粒陨石所处的区域，尘埃基本绝迹，因为这类陨石完全不含有粒状体，然而它们也是真正的球粒陨石，因为分类的主要依据是拥有和太阳非挥发性元素相似的化学组成。

根据这幅星云尘埃分布图，得出的结论是，太阳系早期可能和今天观测到的许多金牛T星（与太阳相似但还未进入稳定氢燃烧状态的年轻恒星）类似。这一尘埃分布模式与科学家在数颗金牛T星周围的原行星盘中观测到的结果相同。由于这些原行星盘的质量（约为宿主恒星质量的2%）和太阳星云的质量相似，因此我们可以把这些原行星盘当作粒状体和球粒陨石形成阶段的一个太阳星云模型。

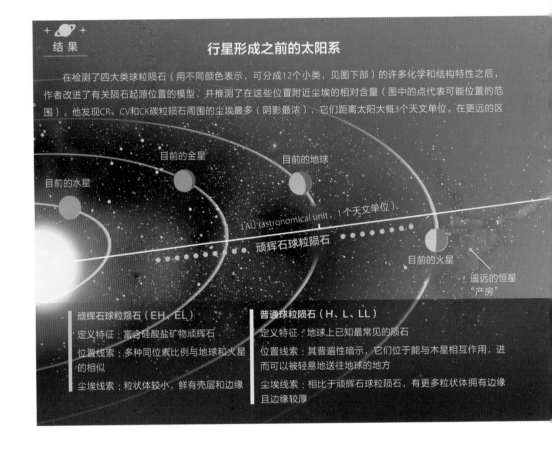

结果

行星形成之前的太阳系

在检测了四大类球粒陨石（用不同颜色表示，可分成12个小类，见图下部）的许多化学和结构特性之后，作者改进了有关陨石起源位置的模型，并推测了在这些位置附近尘埃的相对含量（图中的点代表可能位置的范围）。他发现CR、CV和CK碳粒陨石周围的尘埃最多（阴影最浓），它们距离太阳大概3个天文单位。在更远的区

目前的水星　目前的金星　目前的地球

1 AU (astronomical unit, 1个天文单位）

顽辉石球粒陨石

目前的火星

遥远的恒星"产房"

顽辉石球粒陨石（EH、EL）
定义特征：富含硅酸盐矿物顽辉石
位置线索：多种同位素比例与地球和火星的相似
尘埃线索：粒状体较小，鲜有壳层和边缘

普通球粒陨石（H、L、LL）
定义特征：地球上已知最常见的陨石
位置线索：其普遍性暗示，它们位于能与木星相互作用，进而可以被轻易地送往地球的地方
尘埃线索：相比于顽辉石球粒陨石，有更多粒状体拥有边缘且边缘较厚

关于热源的争议

然而，是什么过程产生了粒状体仍不清楚。任何粒状体形成模型首先要解释的事情是反复熔化是如何发生的。这个过程必须是普遍存在的，否则粒状体不会出现在几乎每一种球粒陨石中。不幸的是，还没有找到令人信服的、能解释粒状体所有性质的加热机制。这么多粒状体的多次熔化排除了任何"一锤子"现象，例如来自深空的超新星激波或者是伽马射线暴。要形成粒状体，热源必须要满足两个条件：一方面，这些热源要完全熔化一些粒状体，但另一方面，它们又要能仅熔化一些粒状体的尘埃薄幔，而不触及粒状体内部。一些科学家提出，闪电这样重复出现的脉冲式热源也许可以满足上述条件，但对于在太阳星云中产生闪电的可能性，科学家持不同意见。

在天体物理学中，目前较流行的粒状体形成模型涉及太阳星云中的激波加热。例如，

域，如CM、CO和最后的CI球粒陨石的所在地，尘埃的密度会下降；在另一个方向上尘埃密度也会降低，在顽辉石球粒陨石所在地会变得极为稀薄。这一分布和今天所见的金牛T星系统类似，说明对这些系统物理特性的了解可以揭示出有关我们太阳系早期的信息，反之亦然。

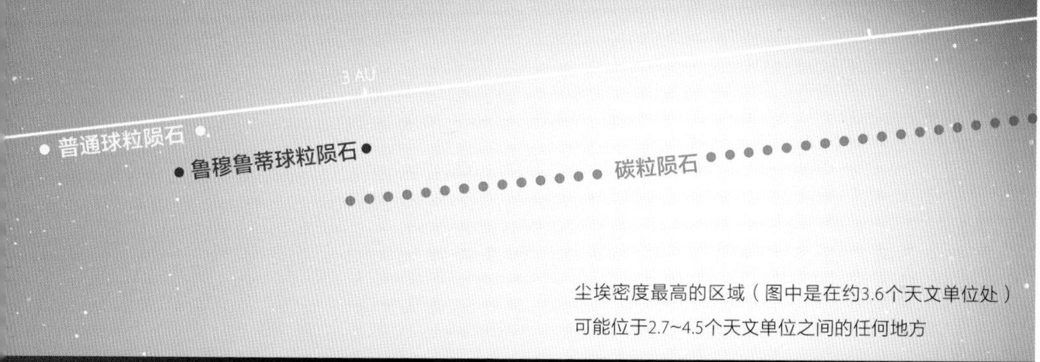

3 AU

● 普通球粒陨石

鲁穆鲁蒂球粒陨石 ●

碳粒陨石

尘埃密度最高的区域（图中是在约3.6个天文单位处）
可能位于2.7~4.5个天文单位之间的任何地方

鲁穆鲁蒂球粒陨石（R）	碳粒陨石（CR、CV、CK、CM、CO、CI）
定义特征：与普通球粒陨石成分稍有不同	定义特征：富含有机物
位置线索：特定同位素比例暗示其位置较普通球粒陨石更远离太阳	位置线索：存在有机物意味着这些陨石形成于远离太阳的地方，否则有机物会被太阳破坏
尘埃线索：其来源于星云尘埃的体物质（粒状体之间细颗粒的硅酸盐物质）比例，要远高于普通球粒陨石	尘埃线索：CR、CV和CK球粒陨石具有最大的粒状体和最厚的火成边缘；CM和CO类型倾向于具有较小的粒状体和较薄的边缘；CI陨石不含粒状体

当有物质从外部落入太阳星云中，就会产生激波。激波在星云多尘区域里传播时，就会产生足够的热量，使粒状体熔化。然而，"激波模型"自身也有问题。首先，科学家在原行星盘中尚未观测到激波，它们是否存在还没有证实；其次，激波会一次加热大量的粒状体，但似乎无法仅熔化单个粒状体的外表面（以此来形成二级壳层和火成边缘），而使粒状体内部仍处于温度相对较低的状态；第三个问题是，作为一个局部现象，激波似乎无法在太阳星云的不同区域中制造出粒状体来。

50多年前，陨石科学家约翰·A.伍德（John A Wood）曾说："直到最近，我们才开始把粒状体当作实体来研究。它们携带着丰富的信息，可以从中了解它们产生的过程。我们也许能从此了解太阳星云的性质和演化、行星的形成、太阳演化的一些阶段以及所有这些过程的发生时间。"过了半个世纪，科学家仍有许多东西需要了解，但这些太阳系的原初信使所传递的图像终于开始变得清晰。

行星生于乱世

林潮（Douglas N.C.Lin）

对天文的热爱可以追溯到1957年第一颗人造卫星Sputnik的发射，就像与他同一代的许多科学家一样。他出生在美国纽约，在中国北京长大，曾经就读于加拿大蒙特利尔的麦吉尔大学（McGill University），并在英国剑桥大学（University of Cambridge）获博士学位。他在剑桥大学和哈佛大学做过博士后，并在加利福尼亚大学圣克鲁兹分校执教。他是北京大学科维里天文与天体物理研究所（Kavli Institute for Astronomy and Astrophysics）首任所长。作为一名滑雪爱好者，他对冰质巨行星和雪线有着直观的体验。

精彩速览

- 10多年前，研究行星如何形成的科学家，还不得不把他们的理论建立在仅有的样本（即太阳系）之上。如今，他们已经拥有了数十个成熟行星系统的样本，还有数十个仍在形成之中的行星系统样本。任意两个都不相同。
- 尘埃微粒相互粘黏形成"星子"，快速吸积气体——这是主流行星形成理论的基本想法，隐含着多层次的复杂性。众多竞争机制间混乱的相互作用，导致最终形成的行星系统有着非常丰富的多样性。

行星是宇宙中最具多样性、最错综复杂的"种族"。尽管从宇宙的角度来看，它们仅仅是些废料，在宇宙膨胀的宏图中微不足道。然而，除行星外，没有任何一种天体承载了包括天文学、地质学、化学及生物学在内的、过程如此复杂的相互作用。正如我们所知，行星也是宇宙中唯一能支持生命存在的地方。尽管我们对太阳系内形态各异、变化万千的行星已有所了解，但在面对过去10多年来发现的200多颗太阳系外行星时，它们呈现出的复杂多样性仍然出乎我们的意料。

　　行星的质量、大小、成分及轨道可谓千差万别，探究它们的起源是一个巨大的挑战。20世纪70年代，我念研究生的时候，人们倾向于认为，行星形成是一个有秩序的、确定性的过程。这个过程就像一条生产流水线，将原恒星盘里杂乱无章的气体和尘埃，组装为类似太阳系的行星系统。现在，我们意识到这一过程其实相当混乱，形成的行星系统也各不相同。目前我们观测到的行星系统，都是在创造与毁坏相互竞争的动荡中幸存下来的。在形成过程中，很多行星被强烈的气流冲开，还有很多被它们所在行星系统里新形成的中央恒星吞噬，或是被散射到星际空间。我们所在的地球，就可能有遗失了很久、还徘徊在黑暗星际中的"同胞兄妹"。

第二阶段　　　　　宇宙的尘埃团块

　　最强大的行星也有卑微的出身：它们最初都是旋转气体盘里的微米级尘埃颗粒（早已死亡的恒星的灰烬）。与新生恒星距离越远，盘中的温度就越低，因此在某一条界线以外，水呈现出结冰的状态——这条界线被定义为"雪线"。在太阳系中，雪线成了内部岩石类行星和外部气体巨行星的边界。

◍ 微粒碰撞，集结，并长大。

◍ 小微粒随气体一起围绕恒星旋转，直径大于1毫米的微粒则受到气体的阻力，盘旋着落向中央恒星。

◍ 在雪线上，当地的条件使得阻力改变方向。微粒在这里聚集起来，并很快结合成更大的物体，我们称之为星子。

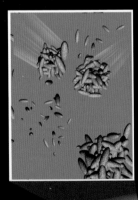

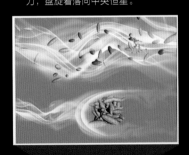

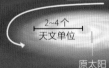

2~4个天文单位

原太阳

雪线

尘埃盘旋下落

气体尘埃盘

对行星形成的研究，是一门包含天体物理、行星科学、统计力学及非线性动力学的交叉学科。宽泛地讲，行星科学家发展出了两套主要理论。一套是连续吸积理论（Sequential-Accretion Scenario），认为尘埃团块凝成的微粒形成固体岩石。这些岩石要么吸积大量气体，形成类似木星的气体巨行星，要么直接成为类似地球的岩石类行星。这一理论的主要缺点在于，连续吸积过程非常缓慢，气体有可能在这一过程完成以前就消散了。另一套理论是引力不稳定理论（Gravitational-Instability Scenario），认为在充满气体和尘埃的原恒星盘碎裂的瞬间，气体巨行星忽然形成，类似于较小规模的恒星形成过程。这一理论假设行星形成过程存在非常不稳定的状态，而这一理想化的初始状态实际上可能无法产生，因此还存有争议。天文学家还发现，质量最大的行星与质量最小的恒星之间缺乏过渡天体，两者仿佛被一片荒芜的"沙漠"分隔。这一现象暗示，行星并非只是质量较小的恒星，两者有着完全不同的起源。

尽管这场争论还没有结束，但大多数科学家认为，连续吸积的行星形成理论在两种理论中更为合理。我将在这里集中介绍这种理论。

第三阶段

"诸侯"族群的出现

在第二阶段形成的数十亿个千米大小的星子，结合成月球到地球大小的物体，我们称之为行星胚胎。虽然相对来说数目较少，但是这些胚胎统治着各自的轨道区间，呈现出"诸侯"割据的状态，争夺着剩下的星子。

星子碰撞并结合。

少数物体经历了飞速成长，搅乱了其余星子的轨道。

行星胚胎用尽了原材料，停止生长。

1 星际云塌缩

时间：0（行星形成过程的起点）

我们的太阳系隶属于一个拥有1000亿颗恒星的星系。在这个星系中，恒星之间穿插着气体和尘埃云块，大部分云块来自于前一代恒星的碎片。在本文中，"尘埃"是指在恒星温度较低的外层凝结并被抛射到恒星际空间的水冰、铁及其他固体微粒。当云团的温度足够低、密度足够大时，它们会在引力作用下塌缩形成成群的恒星，这一过程要花十万年到几百万年的时间。

每颗年轻恒星周围都有一个转动的"盘"，盘里保留了恒星形成后余下的物质，这些物质正是制造行星的原料。新形成的盘主要包含氢气和氦气。在盘中温度较高、密度较大的内部区域，尘埃颗粒被蒸发了；而在温度较低、密度较小的外部区域，尘埃颗粒幸存下来，随着蒸气在它们表面凝结而长大。

年龄在100万～300万年之间的恒星盘富含气体，而年龄大于1000万年的恒星盘则气体较少——盘里的气体已经被新生恒星或者附近的明亮恒星吹走了。这段时间也正是行星形成的时期。粗略估算，这些盘里重元素的质量与太阳系行星所含重元素的总质量差不多，这为"行星确实形成于这样的盘中"的观点提供了有力的证据。

2 盘的自我清理

时间：约100万年

原行星盘（Protoplanetary Disk）里的尘埃被附近的气体搅动，互相碰撞，它们有时粘在一起，有时被撞碎。这些尘埃截获星光，并重新发射出低波段的红外线，确保这些热量能到达盘内部最黑暗的区域。总而言之，随着与恒星距离的增大，气体的温度、密度和压强逐渐减小。由于气体需要满足压强、转动和引力间的平衡，其围绕恒星的转动速度，要比单独一个物体在相同距离处绕恒星转动的速度慢。

因此，直径大于几毫米的尘埃，运动速度往往超过气体围绕恒星的转速。气体对尘埃来说如同逆风，使它们减速，盘旋着"落向"中央恒星。尘埃长得越大，向内"迁移"的速度就越快。短短1000年内，直径大约一米的石块到恒星的距离就可以缩短一半。

当尘埃微粒接近恒星时，它们温度升高，最终使水和其他一些低沸点物质（即所谓的"易挥发物质"）蒸发。发生这种现象的位置被称为"雪线"（Snow Line），到中央恒星的距离介于2~4个天文单位之间（1个天文单位就是地球的轨道半径，约为1.5亿千米）。在太阳系中，"雪线"位于火星与木星轨道之间。它将行星系统分为两个区域：内部区域充满岩石类天体但缺乏挥发性物质，外部区域则富含水冰之类的易挥发物质。

在雪线上，水分子从尘埃微粒上蒸发时，往往会聚集在一起。这种聚集引发了一系列连锁效应，它使气体的性质在雪线上产生不连续性，导致那里压强降低。受力平衡使雪线附近的气体加速围绕中央恒星转动。因此，这里的尘埃受到的不再是逆风，而是顺风。于是尘埃的速度提升，停止向内迁移。随着尘埃持续不断地从盘的外部区域抵达雪线，它们会在那里堆积起来，雪线变成了一条"雪带"（Snowbank）。

这些尘埃拥挤在一起，互相碰撞并逐渐长大。其中一些尘埃冲过雪线继续往里迁移，但在迁移过程中，它们被泥浆和复合分子裹住，变得更加富有黏性。一些区域尘埃堆积太厚，以至于尘埃的整体引力也加速了尘埃颗粒的成长。

通过这些方式，尘埃聚集成了千米级大小的物体，被称为星子（Planetesimal）。在行星形成的最后阶段，几乎所有最初盘中的尘埃都被星子一扫而空。星子很难直接观测，但是天文学家可以通过它们碰撞形成的碎片来推断它们的存在。

3 行星胚胎开始生长
时间：100万~1000万年

水星、月球及小行星上遍布陨石坑的地貌让我们确信，初期的行星系统就像靶场一样。星子之间的碰撞要么使它们增大，要么使它们碎裂。星子结合与碎裂之间的平衡，使星子的大小呈现出这样一种分布：小星子占据了这个新形成的行星系统的绝大部分表面积，而大星子则占据了该系统绝大部分的质量。一开始，它们的轨道可能是椭圆形的，但是经过一段时间，气体阻力和碰撞使得它们围绕恒星转动的路径渐渐趋于圆形。

在成长初期，星子的增长是自我增强型的。星子越大，引力就越强，它就能更快地吸收周围质量比它小的星子。然而，当星子的质量增长到与月球相当时，引力就会变得很强，足以扰动周围的固体物质，让绝大多数的物体在与它碰撞之前就转向了。这一过程限制了星子的继续成长。至此，所谓的"诸侯"（Oligarchy）族群就出现了，这类天体是行星的胚胎，它们质量相似，相互争夺剩下的星子。

每一个行星胚胎都有一个吸积供给区，是一条以胚胎轨道为中心的窄带。一旦它吸积了该区域内的大部分星子，增长也就停止了。根据简单的几何学知识，该区域的大小及吸积的持续时间，都随到恒星距离的增大而增加。在距离中央恒星1个天文单位的地方，行星胚胎将吸积10万年,最终只能达到0.1倍地球质量。在距离中央恒星5个天文单位的地方,它们可以吸积几百万年,达到4倍地球质量。如果行星胚胎在雪线附近,或者在星子同样趋于聚集的盘缝边缘,它们能长得更大。

"诸侯"族群的增长,使行星系统中充斥着数量过多的正在长大的原初行星,只有其中一部分能最后保留下来。太阳系里的行星虽然看起来空间分布较广,但是它们之间的紧密程度已经是所能达到的极限了。如果在类地行星目前的分布空间里放入另一个地球质量的行星,就会使所有类地行星的轨道变得不再稳定。在我们所知道的其他行星系统里,情况也是如此。如果你看到一杯非常满的咖啡,你可以合理地得出这样的结论:别人在倒这杯咖啡时,其实倒得过满,已经有一些咖啡溢出了;要将杯子刚刚好倒满,不浪费一滴咖啡,似乎是不太可能的。同样的道理,行星系统最初所拥有的物质,很可能多于该系统最终所剩下的物质;一些物体会被弹出系统,直到该系统的结构达到某种平衡。天文学家已经在年轻的恒星星团里,观测到了自由飘荡的行星。

4 第一个气体巨行星诞生
时间:100万~1000万年

木星最初可能是一个与地球差不多大小的核,吸积了大约300倍地球质量的气体。如此壮观的增长取决于多种相互竞争的效应。行星胚胎的引力会吸引盘中的气体,但下落的气体又会释放能量。必须等气体冷却,它们才能沉积下来。因此,行星胚胎增长率受到了冷却效率的限制。如果增长太慢,行星胚胎还来不及获得一层厚厚的大气,盘中的气体就会被恒星驱散。正在成长的大气外层所能通过的辐射能流(Flux of Radiation)是热量传导的主要瓶颈,它取决于气体的不透明度(Opacity,主要由气体组成成分决定)和温度梯度(Temperature Gradient,主要由行星胚胎的初始质量决定)。

早期的模型表明,行星胚胎需要长到大约10倍于地球的临界质量,才能进行足够快的热量传输。这么大的行星胚胎能够在雪线附近形成,是因为固体物质会更早在那里聚集。这或许可以解释为什么木星所在的位置正好在雪线以外不远处。如果盘中含有的原材料比过去行星科学家常常假设的数量更多,这种大行星胚胎还可以在别的地方形成。实际上,天文学家现在已经发现,许多恒星周围盘中的物质密度比传统估计大了几倍。在这种情况下,热量传输不会造成难以克服的困难。

另外一个阻止气体巨行星形成的因素是,行星胚胎会盘旋着靠近中央恒星,也就是向里迁移。在一种被称为I型迁移(Type I Migration)的过程中,行星胚胎在气体盘中激起波纹,

行星种类的一大跳跃

对一个行星系统来说，形成类似木星的气体巨行星，是系统历史上的里程碑。如果形成了这样一颗行星，将对该行星系统余下部分的形成大有帮助。不过，要想形成气体巨行星，行星胚胎吸积气体的速度必须超过它盘旋下落的速度。

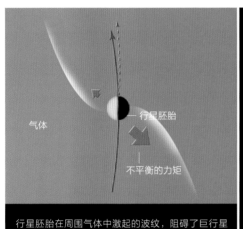

行星胚胎在周围气体中激起的波纹，阻碍了巨行星的形成。这些波纹对行星胚胎施加了不平衡的力矩，使它减速并盘旋落向中央恒星。

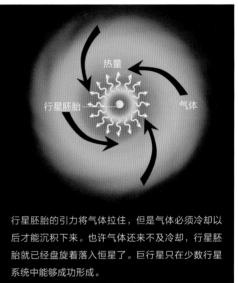

行星胚胎的引力将气体拉住，但是气体必须冷却以后才能沉积下来。也许气体还来不及冷却，行星胚胎就已经盘旋着落入恒星了。巨行星只在少数行星系统中能够成功形成。

这些波纹反过来又对胚胎的轨道施加引力拖拉作用。波纹跟随行星胚胎移动的模式就像船的尾波。行星胚胎轨道外侧距离恒星较远的气体，环绕恒星转动的速度慢于行星胚胎，因此起到了"向后拉"的作用，减慢了胚胎的运动速度。同时，轨道内侧的气体环绕恒星转动的速度则快于行星胚胎，起到了"往前推"的作用，加快了胚胎的运动速度。外侧区域面积较大，赢得了这场"拔河"比赛，使行星胚胎损失能量，在100万年的时间里向盘中央迁移了几个天文单位。这种迁移往往在雪线附近停止。因为在那里，气体由逆风变为顺风，为行星胚胎提供了额外的推动力。这也许是木星出现在当前这个位置上的另一个原因。

行星胚胎的增长、迁移和气体消耗的速率大体相同，哪个因素获胜只能凭运气决定。实际上，可能有好几代行星胚胎刚开始吸积气体，还来不及完成整个形成过程，就迁移到别处去了。一批批星子尾随着前辈们的"足迹"，从盘的外部区域往里迁移，重复着同样的过程，直到最终有一颗气体巨行星成功形成，或者盘中的气体消散殆尽，没有任何气体巨行星在盘里"扎根"。在天文学家观察的类似太阳的恒星中，只有10%的恒星周围存在与木星质量相当的行星。这些行星的核可能是许多代行星胚胎中罕见的幸存者——犹如最后一个莫希干人。

这些过程的平衡取决于整个系统最初所贡献的物质总量。大约 1/3 富含重元素的恒星周围有木星质量的行星围绕。有可能这些恒星拥有密度较大的盘，能够产生较大的行星胚胎，从而避开了热量传输的瓶颈。相反，较小的恒星或缺乏重元素的恒星周围形成的行星也较少。

增长过程一旦启动，就会加速到快得惊人的地步。在短短 1000 年内，一颗木星质量的行星就能获得最终质量的一半。在此过程中，行星会发散出非常多的热量，短期内甚至比太阳还要明亮。当行星的质量大到不再受 I 型迁移的影响时便稳定下来，它开始改变盘中气体的轨道，而不再是盘改变它的轨道。行星轨道内侧的气体围绕恒星的转动快于行星，因此行星的引力趋向于阻止气体运动，使它们落向中央恒星，也就是说，使它们远离行星。行星轨道外侧的气体围绕恒星的转动慢于行星，因而行星趋向于加快气体运动速度，使它们往外迁移，即使它们远离行星。如此一来，行星会在盘里开辟出一条盘缝，切断自己的

第五阶段

如何"拥抱"恒星

在许多行星系统中，一个气体巨行星形成后会盘旋着径直落向中央恒星。这是因为盘中气体由于内部摩擦而损失能量，拉着行星一起往里掉落。最终，行星下落到非常靠近恒星的位置，以至于恒星对行星轨道施加一个力矩，使它稳定下来。

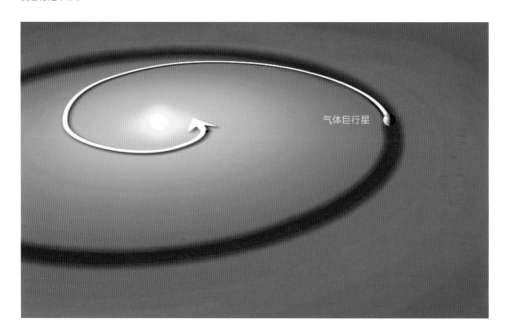

气体巨行星

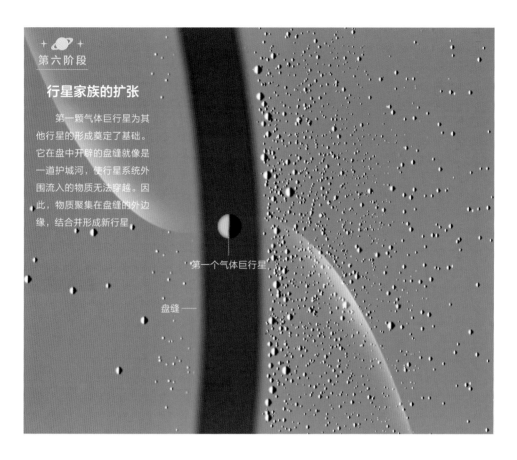

第六阶段

行星家族的扩张

第一颗气体巨行星为其他行星的形成奠定了基础。它在盘中开辟的盘缝就像是一道护城河，使行星系统外围流入的物质无法穿越。因此，物质聚集在盘缝的外边缘，结合并形成新行星。

第一个气体巨行星

盘缝

原材料供给。尽管气体会努力回填那条盘缝，但是计算机模拟表明，在距离恒星5个天文单位的地方，如果行星质量大致超过木星质量，就会赢得这场"斗争"。

行星的临界质量取决于行星形成的时间。行星形成越早就能长得越大，因为盘里还有大量的气体。土星质量小于木星的原因，可能仅仅是它比木星晚形成了几百万年。天文学家已经注意到，介于20倍地球质量（海王星质量）和100倍地球质量（土星质量）之间的行星数量很少，这或许为精确测定行星形成时间提供了一条线索。

5 气体巨行星继续迁移

时间：100万~300万年

奇怪的是，过去10年间发现的许多太阳系外行星，绕转轨道离它们的中央恒星非常近，甚至比水星围绕太阳的轨道还近很多。这些气体巨行星类似于木星，温度却高得多，因此被称为"热木星"（Hot Jupiter）。它们不可能在现在的位置形成，因为那些轨道位置的吸积区域太小，无法提供足够的物质。它们的出现似乎需要经历三个依次发生的步骤。这三个步骤不一定会在每个行星系统中完整发生，太阳系中就没有发生。

第一步，一个气体巨行星应该在盘里仍有大量气体时，形成于行星系统内部的雪线附近区域。这就要求盘中聚集着高密度固体物质。

第二步，气体巨行星必须迁移到它们目前所在的位置。Ⅰ型迁移无法做到这一点，因为它只对并未吸积太多气体的行星胚胎发挥作用。Ⅱ型迁移必然替代Ⅰ型迁移继续发挥作用。正在形成的气体巨行星在盘中开辟出一条盘缝，阻止气体穿越它的轨道。而盘中邻近区域湍急的气体又有向缝中扩散的趋势。如此一来，行星必然会与气体扩散相抗争。气体从未停止向盘缝中渗透，它向中央恒星的扩散使行星损失轨道能量。这一过程相对缓慢，需要几百万年才能使一个行星移动几个天文单位。因此，如果一个行星最终能够近距离"拥抱"恒星，它一开始就必须在行星系统的内部区域形成。这些行星往里迁移时，会将沿途剩余的星子和行星胚胎推到它们的轨道前方，有可能会形成轨道离中央恒星很近的"热地球"（Hot Earth，即类似地球却非常炽热的行星）。

第三步，必须有某种机制停止行星的迁移，阻止行星径直掉进恒星之中。恒星磁场有可能清除恒星邻近区域的气体；没有了气体，迁移就会停止。另一方面，行星有可能在恒星上引起潮汐，恒星又反过来扭转了行星的轨道。这些安全保障不一定会在所有系统中发生，因此也会有很多行星一头掉进恒星之中。

6 其他巨行星加入大家庭
时间：200万~1000万年

如果一个气体巨行星率先形成，它将为其他气体巨行星的形成提供便利。许多已知的巨行星都拥有质量相当的"同胞兄妹"（这种情况可能是大多数）。例如，我们熟悉的木星就有土星与之相伴。

在我们太阳系中，木星大大促进了土星的形成过程，如果只靠土星自己的话，形成过程会缓慢许多。木星还为天王星和海王星助了一臂之力，不然它们可能永远长不到现在的大小。在它们距离太阳的位置上，得不到援助的形成过程会非常缓慢，甚至在行星完全形成之前，盘就可能完全消散，只留下一些"发育不良"的行星。

先形成的气体巨行星"前辈"有两个效应会帮助其他巨行星形成。首先，在它开辟的盘缝外边缘，物质会聚集起来，就和物质在雪线聚集的原因差不多：压强梯度使气体加速，

非圆形轨道成因

在太阳系内部区域，行星胚胎无法通过吸积气体成长，只能通过相互碰撞。为此，它们的轨道必须交错。要达到轨道交错，它们必然要受到某种扰动，从而偏离它们最初的圆形轨道。

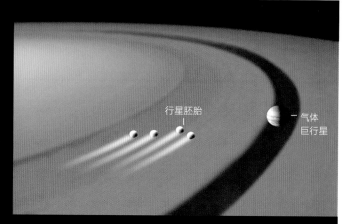

行星胚胎形成时，它们的轨道呈圆形或近圆形，互不交错。

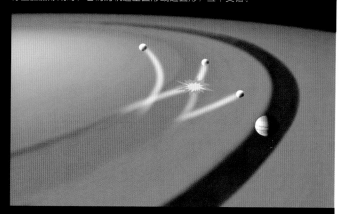

行星胚胎之间的引力作用或气体巨行星的引力作用扰动了它们的轨道。

行星胚胎结合成为一个地球大小的行星。这个行星搅动剩余的气体，并散射余下的星子，回到圆形轨道。

对尘埃和星子来说就像遇到了顺风，于是便停下了从盘的外部区域迁移而来的脚步；另一个效应是，它的引力趋向于将附近的星子抛到行星系统外围，使它们在那里形成新的行星。

第二代行星从第一个气体巨行星为它们聚集起来的物质中形成。时机非常关键，就算时标只差一点，结果也会大相径庭。就天王星和海王星而言，星子的聚集过犹不及。它们的行星胚胎长得太大，达到了大约10~20倍地球质量，延误了气体吸积的时机，等它们开始吸积时，已经没有多少气体可用了。这两个行星最终只吸积了大约两倍地球质量的气体，它们不是气体巨行星，而是冰质巨行星。实际上，这种巨行星更为常见。

第二代行星的引力场使行星系统变得更加复杂。如果这些行星形成时靠得太近，它们相互间的作用以及它们与气体盘之间的作用，就会把它们弹射到椭率很大的新轨道上。

在太阳系里，所有行星的轨道都近似于圆形，而且空间分布足够远，彼此间不受影响。然而，在别的行星系统，椭长形的轨道很常见。在一些系统里，行星轨道是共振的，它们的轨道周期呈现出简单的整数比例关系。行星系统形成之初就出现这种情况是不太可能的，但是当行星迁移并在引力作用下最终相互锁定在一起时，就可能出现这种情况。这些行星系统与太阳系的不同，可能仅仅是因为盘里气体的初始配额不同。

大多数恒星在星团中形成，超过半数的恒星拥有伴星。行星在一个平面中形成，这个平面可能与恒星的轨道平面不同。在这种情况下，伴星的引力会很快重新调整并扭曲行星的轨道，最终形成的行星系统不像太阳系是平面的，而是一个球形的系统，就像一群蜜蜂绕着蜂巢嗡嗡飞舞。

7 组装类地行星
时间：1000万~10亿年

行星科学家预测，类地行星比气体巨行星更为常见。气体巨行星的形成要求众多相互竞争的效应达到良好的平衡，而岩石类行星的形成则要求不高。不过，除非在太阳系外找到其他类地行星，否则我们就只能依赖于现有的唯一一个案例——太阳系。

太阳系有四个类地行星——水星、金星、地球和火星，它们主要由铁和硅酸岩之类的高沸点物质构成。这说明它们形成于雪线以内，没有发生过很显著的迁移。在这个距离范围内，气体盘中的行星胚胎能够长到大约0.1倍地球质量，不会比水星大很多。如果要长得更大，行星胚胎的轨道就必须交叉，让它们能够碰撞和并合，这很容易解释。气体消散之后，行星胚胎彼此影响，轨道变得越来越不稳定，几百万年之后，它们的轨道就会变得椭长，足以相互交叉。

陨石

来自过去的使者

　　陨石并非只是太空岩石，也是太空化石，它们是行星科学家能够接触到的、仅有的关于太阳系起源的实物记录。行星科学家认为陨石来自于小行星，也就是那些再也不会继续形成行星并一直保持在深度冻结状态的星子的碎片。陨石的成分反映了在它们的母体上曾经发生的种种过程。有趣的是，它们携带着木星早期引力作用带来的疤痕。

　　显然，铁质和石质的陨石来源于熔化过的星子。因为熔化后，它们的铁质和石质硅酸盐才能相互分开，较重的铁沉积到核心，较轻的硅酸盐则集中在外层。研究人员相信，星子融化的原因是放射性同位素铝26造成的加热，这种同位素的半衰期为70万年。一次超新星爆发或邻近的恒星，可能将这种同位素散播到原太阳星云之中。在这种情况下，太阳系中的第一代星子必定含有大量的铝26。

　　铁质和石质的陨石非常稀少，大多数陨石由陨石球粒（Chondrule）构成。陨石球粒是直径1毫米左右的小圆石，形成时间比星子还要古老，不可能在熔化的情况下保留下来。因此，大多数小行星似乎并非第一代星子的产物。那一代星子应该已经没有了，有可能是被木星清除干净的。据行星科学家估计，现在被小行星主带占据的区域过去拥有的物质约为现在的1000倍。少数逃脱木星掌控或者后来漂移到小行星带区域的微粒，聚集形成了新一代星子。此时已经没有多少放射性铝26残存下来，因此这些天体从未被完全熔化。对陨石球粒进行的同位素成分测量表明，它们形成的时间比太阳系开始形成晚了大约200万年。

　　陨石球粒的透明质地暗示，在结合成星子之前，这些陨石球粒曾被突然加热，转变为熔岩并再度冷却。驱使木星早期轨道迁移的波纹应该演化成了激波波前，可以解释陨石球粒受到的急速加热。

行星系统怎样重新稳定下来才是更难解释的一点，究竟是什么机制让类地行星处于目前的近圆轨道上呢？少量残余气体就能促使这种情况发生，但如果气体存在的话，星子的轨道一开始就不会变得不稳定，也就不可能相互交叉，让星子有机会发生碰撞和并合。一种观点认为，在行星快要形成时，仍有大群星子存在。在接下来的100万年里，行星扫除了其中一部分星子，并将余下的星子散射到太阳之中。这些行星将它们的无规运动转移给了注定要毁灭的星子，自己则进入了圆形或者近圆形轨道。

另一种观点认为，木星引力的远程影响使正在形成的类地行星发生迁移，让它们有机会接触并吸收新的物质。这一影响在特殊的共振位置上达到最强。随着木星的轨道逐渐迁移到最终的位置，共振位置也会往里移动。放射性年代测定显示，小行星形成较早（比太阳形成晚400万年），接下来是火星的形成（比太阳晚1000万年），然后才是地球（比太阳晚5000万年），就像木星激起的波逐渐向太阳系内侧扫荡一样。如果没有受到抑制，木星的影响可能已经把所有的类地行星推到水星的轨道上了。然而，这种情况并未发生，原因何在？可能是类地行星太大，甚至连木星也无法明显移动它们；又或许它们被剧烈的碰撞撞出了木星的势力范围。

尽管如此，大多数行星科学家并不认为木星在类地行星的形成中起到了决定性的、必不可少的作用。绝大部分类似太阳的恒星并不拥有类似木星的行星，但它们仍然有尘埃碎片，这说明这些系统中存在星子和行星胚胎，能够聚集并形成类地行星。未来10年内，观测天文学家需要回答一个重要的问题：有多少行星系统只拥有类地行星，而没有类木行星？

对于地球来说，太阳形成后3000万~1亿年间，发生了一件决定性的事件。一个火星大小的行星胚胎撞上了原始地球，抛出了数量庞大的碎片，然后结合形成了月球。在早期太阳系里，横冲直撞的天体数量众多，因此类似的剧烈碰撞并不出人意料。其他行星系统中的类地行星也可能拥有卫星。剧烈碰撞还会产生另一种效果——释放出稀薄的原始行星大气。地球今天的大气绝大部分来源于形成地球的星子，被这些星子俘获的在岩石中的气体后来通过火山活动喷发出来。

8 扫尾行动开始
时间：5000万~10亿年

到这个时候，行星系统差不多形成了。还有少数几个效应在对行星系统进行微调，它们分别是：结构松散的恒星星团的逐渐瓦解，它的引力作用可能会使行星的轨道变得不稳；

中央恒星彻底清除气体盘后引起的内部不稳定性；剩余星子在气体巨行星作用下的持续散射。在太阳系中，天王星和海王星将星子往外扔，形成柯伊伯带（Kuiper Belt），或者往里抛，丢到太阳中去。木星的引力则大得多，它将星子扔到了太阳引力势力范围的边缘，在更远的地方形成了奥尔特云（Oort Cloud）。奥尔特云可能含有等同于100倍地球质量的物质。有时，来自柯伊伯带或奥尔特云的星子会朝太阳方向"掉落"，形成彗星。

在散射星子的同时，行星自身也会发生某种程度的迁移。这可以解释海王星和冥王星轨道间的同步。土星轨道也许曾经靠近木星轨道，后来才向外迁移。这一过程也可以解释所谓的"晚期重型轰击"（Late Heavy Bombardment），即太阳形成8亿年后，月球（或许还有地球）曾经遭受到的特别频繁的天体撞击事件。在某些行星系统里，行星形成进程的晚期有可能发生发育完全的行星相互碰撞的壮观场面。

并非精心设计

在发现太阳系外行星以前，太阳系是我们仅有的研究样本。尽管它为许多重要过程的微观物理学提供了丰富的信息，但也限制了我们了解其他行星系统形成过程的视野。过去10多年来，我们惊讶地发现行星系统居然如此丰富多样，这在很大程度上开阔了我们的理论眼界。我们已经意识到，太阳系外行星是原行星形成、迁移、碎裂及持续动态演化等一系列过程的最后一代幸存者。太阳系相对井然有序，其实并不是大自然精心设计的结果。

过去，理论天文学家关注的焦点是提出模型，以解释太阳系形成过程留下的遗迹。如今，他们的工作重心已经转变成构建理论，做出能够用未来的观测加以检验的预言。目前，观测天文学家只能在类似太阳的恒星周围观察到木星质量的行星。利用新一代探测器，他们将有能力寻找地球大小的行星。按照连续吸积理论，这样的行星比较常见。行星科学家也许才刚刚开始发现，这个宇宙中行星所拥有的丰富多样性。

木星的存在合理吗？

在行星形成的所有阶段中，第一个气体巨行星的产生在某种程度上是最难理解的。木星的核小到几乎不存在（远小于科学家所认为的、允许下落气体冷却并沉积下来所需的临界质量），这是有关木星的一大谜题。另外一些冷却机制，比如原木星周围微型盘的热量耗散，有可能发挥了一定的作用。另一种解释则是，内部气流可能将原来的木星核侵蚀了。

另一个问题在于，根据理论计算，原木星向里迁移的速度应该比它吸积气体的速度更快。必然有某些机制减缓了它的迁移速度，比如气体压力梯度、气流、湍流，或者行星胚胎间的引力作用等。

追查宇宙前世

马丁·博约沃尔德（Martin Bojowald）

把圈量子引力论应用到宇宙学的领军人物。他是美国
宾夕法尼亚州立大学引力及宇宙研究所的研究员。
2003年，博约沃尔德获得引力研究基金会的短文竞赛
一等奖，在2007年获得国际广义相对论及引力学会的
克桑索普洛斯奖（Xanthopoulos Prize）。在研究物理
学之余，他喜欢阅读经典名著，还喜欢去宾夕法尼亚
中部的阿巴拉契亚山长跑。

精彩速览

- 爱因斯坦的广义相对论认为，宇宙起源于大爆炸奇点。在那一刻，所有物质都聚集在一点，密度无穷大。但是广义相对论并没有考虑时空本身的精细量子结构，这些结构给物质密度和引力强度设置了一个上限。要弄清大爆炸奇点到底发生了什么，物理学家不得不求助于量子引力学。

- 圈量子引力论是量子引力学的一个候选理论。根据这一理论，空间可被细分为体积"原子"，其容纳物质和能量的能力有限，因此奇点实际上不可能存在。

- 如果确实如此，时间或许可以延伸到大爆炸之前。大爆炸前的宇宙也许经历了一场灾难性的塌缩，当密度达到最高点后发生了逆转。简而言之，一场大塌缩导致了一场大反弹，随即触发了大爆炸。

物质由原子构成，这一观念早已深入人心，以至于我们很难想象，当初"原子"这种东西看起来有多么惊世骇俗。一个多世纪以前，当科学家首次提出原子假说时，他们对观察如此细微的结构基本不抱希望，甚至质疑原子这一概念能否称为科学。不过，科学家逐渐找到了越来越多原子存在的证据。到1905年，爱因斯坦用分子热运动解释了布朗运动（Brownian Motion，悬浮于液体中的尘埃微粒所做的无规则运动），有关原子存在与否的争论才尘埃落定。即便如此，物理学家还是花了20年时间，才发展出一套能够解释原子的理论（即量子力学）；又过了30年，物理学家埃尔温·米勒（Erwin Müller）才拍到了原子的首张显微照片。如今，整个现代工业都建立在原子物质的固有特性之上。

在理解时间与空间的基本构成方面，物理学家也走上了一条类似的道路，只是远远落在了后面。正如物质的属性表明它们由原子构成一样，时间和空间的属性也同样暗示它们拥有某种精细结构——要么由时空"原子"组装而成，要么由其他时空"丝线"交织而成。物质原子是化合物不可分割的最小单元；假想的空间原子也是距离不可分割的最小单元。科学家通常认为空间原子的大小约为 10^{-35}m，远超出现有最强大显微设备的能力范围——它们最多只能探测小到 10^{-18}m 的精细结构。因此，许多科学家质疑时空原子这一概念能否称为科学。不过，一些研究人员并没有灰心，他们提出了许多方法，有可能直接检测到这样的时空原子。

最有希望的方法涉及对宇宙的观测。假如逆着时间，把宇宙膨胀倒推回去，我们看到的所有星系似乎都将汇聚于一个极小的点，即大爆炸奇点。现有的引力理论——爱因斯坦广义相对论预言，在这一点上，宇宙的密度和温度都将无穷大。在一些科普文章里，这一刻被宣扬为宇宙的起点，代表了物质、空间和时间的诞生。然而，这种说法太过武断，因为密度和温度的无穷大意味着广义相对论本身已经失效。要解释大爆炸时究竟发生了什么，物理学家必须超越相对论，发展出量子引力理论，把相对论无法触及的时空精细结构也纳入考虑范畴。

在原初宇宙的致密环境中，时空的精细结构发挥过显著作用，这些痕迹或许可以留存至今，隐藏在如今宇宙中的物质和辐射的分布模式之中。简而言之，如果时空原子存在，我们不会像当年发现物质原子那样，再花上几个世纪去寻找证据。如果幸运的话，在未来十年内就可能有所斩获。

时空碎片

物理学家已经提出了量子引力的若干候选理论，每个理论都用一种独特的方式把量子原理套用到广义相对论中。我的研究工作专注于圈量子引力论（Loop Quantum Gravity），这一理论是在20世纪90年代通过两步推导发展起来的：第一步，理论学家利用数学方法，将广义相对论方程改写为一种类似于经典电磁理论的形式，圈量子引力论中的"圈"就是新表达形式中电、磁力线的对应体；第二步，理论学家遵循一些开创性的处理步骤，类似于数学中的纽结理论，将量子原理套用到这些"圈"上。由此推导出来的量子引力理论预言了时空原子的存在。

其他理论，比如弦理论和所谓的"因果动态三角剖分"（Causal Dynamical Triangulations），本身并没有预言时空原子，但它们通过其他方式暗示，距离短到一定程度后时空原子或许会不可分割。这些候选理论间的差异已经引起争议，不过在我看来，与其说这些理论相互矛盾，不如说它们互为补充。弦理论在统一粒子相互作用及弱引力方面非常有效，不过要弄清奇点处到底发生了什么，在这种引力极强的条件下，圈量子引力论的时空原子结构会更加有效。

圈量子引力论的威力体现在它有能力考虑时空的流动性。爱因斯坦的伟大之处在于，他认识到时空并非仅仅是一个供宇宙演化这场"大戏"上演的舞台，它本身也在"大戏"中扮演着重要角色。时空不仅决定着宇宙中各类天体的运行方式，还主宰着宇宙的演化历程。物质与时空之间的复杂互动一直在上演。空间本身可以增大也可以缩小。

圈量子引力论将这一观念延伸到了量子领域。它借鉴了我们对于物质粒子的理解，并套用到时空原子上，将最基本的概念统一起来。举例来说，量子电动力学中的真空意味着不包含光子之类的粒子，在这种真空中每增加一份能量，就会产生一个新的粒子。而在圈量子引力论中，真空意味着不包含时空——一种让我们简直无法想象的、彻底的虚空。根

难题

广义相对论失效

大爆炸这一概念来源于一个简单的观测事实：宇宙中的星系都在相互远离。如果逆着时间倒推回去，所有星系（或者它们的前身）必然会在137亿年前汇聚在一起。事实上，根据爱因斯坦的广义相对论，这些物质会挤压成一个密度无穷大的点，即大爆炸奇点。不过，无穷大的密度是不现实的：相对论预言存在奇点，标志着相对论本身并不完善。

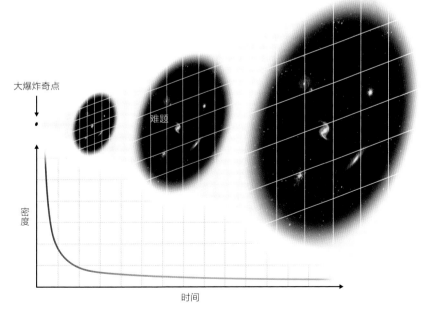

圈量子引力

时空原子

相对论之所以遇到难题，是因为它假设空间是连续体。圈量子引力论等更为复杂的理论认为，空间是由细小的"原子"（见下图中的圆球）构成的网格。这些原子的直径（见下图中的线段）被称为普朗克长度。在如此之短的距离上，引力和量子效应的强度相当。

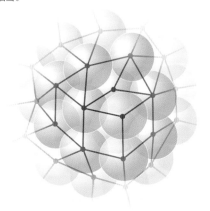

据圈量子引力论的描述，在这种真空中每增加一份能量，便会产生一个新的时空原子。

时空原子构成了一个致密且不断变动的网格。大尺度上，它们的动态变化让演化中的宇宙遵从经典广义相对论。在正常情况下，我们永远不会注意到这些时空原子的存在：这些网格排布得异常紧密，以至于时空看起来连成一片、没有间断。不过，当时空中充满能量时，比如大爆炸发生瞬间，时空的精细结构就会发挥作用，圈量子引力论的预言就会偏离广义相对论的预言。

物极必反

运用圈量子引力论推导计算是一项极其复杂的任务，因此我和同事们使用了简化模型，只考虑宇宙中最基本的特征（比如大小），而忽略我们不太感兴趣的其他细节，同时借用物理学和宇宙学中的许多标准数学工具。比如，理论物理学家常常用微分方程来描述这个世界，这些方程详细确定了物理量（比如密度）在时空连续体的每一点上的变化率。但当时空不再连续，而是由无数"微粒"聚集而成时，我们就要转而使用差分方程，它们能将连续体拆分成离散区间加以处理。这样的一个宇宙在成长过程中，大小不再会连续变化，而是沿着一个"尺寸阶梯"拾级而上，这些差分方程描述的就是宇宙大小的这种"阶梯式"变化过程。1999年，我开始分析圈量子引力论在宇宙学上的应用，当时大多数研究人员预言，这些差分方程得出的结果不过是经典理论微分方程计算结果的简单重复。不过，意想不到的结果很快就出现了。

引力通常表现为一种吸引力。一团物质倾向于在自身引力作用下塌缩，如果它的质量足够大，引力就会压倒其他所有力量，将这团物质压缩成一个奇点，比如黑洞中心的奇点。但圈量子引力论提出，时空原子结构会在能量密度极高的情况下改变引力的本性，使它表现为排斥力。

将空间想象成一块海绵，把质量和能量想象成水。疏松多孔的海绵可以蓄水，但容量有限。一旦吸满了水，海绵就无法再吸收更多的水，反倒会向外排水。与此类似，原子化的量子空间疏松多孔，能够容纳的能量也是有限的。如果能量密度过大，排斥力就会发挥作用。广义相对论中的连续空间则完全相反，可以容纳无穷多的能量。

量子引力改变了受力平衡，奇点便不可能形成，密度无穷大的状态也不可能达到。按照这一模型，早期宇宙中物质密度极高但并非无穷，相当于每个质子的体积内挤压了一万

时空原子能做什么？

压迫与反抗

如果你把越来越多的能量挤压到某一空间体积之中，携带这些能量的粒子的波长就会缩短，最终收缩到与时空"原子"大小相当的程度。

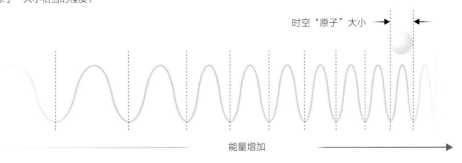

时空"原子"大小 →　←

能量增加 →

此时，空间才算真正被填满了。如果你试图向其中挤压更多的能量，空间就会将它们反推回来。该过程看起来就像是这一区域产生的万有引力从吸引力转变成了排斥力。

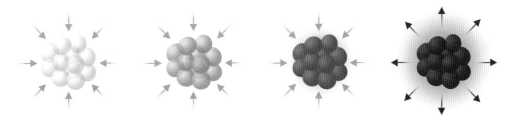

亿颗太阳。在如此极端的环境中，引力表现为排斥力，导致空间膨胀；随着密度的降低，引力重新变成我们所熟悉的吸引力。惯性使宇宙膨胀一直维持至今。

事实上，表现为排斥力的引力会导致空间加速膨胀。宇宙学观测似乎要求宇宙极早期存在这样一段加速膨胀时期，称为宇宙暴胀（Cosmic Inflation）。随着宇宙的膨胀，驱动暴胀的力量逐渐消失。加速一旦终止，过剩的能量便转化为普通物质，开始填满整个宇宙，这一过程被称为宇宙"再加热"（Reheating）。在目前的主流宇宙学模型中，暴胀是为了迎合观测而特别增加进来的；而在圈量子引力宇宙学中，暴胀是时空原子本性的自然结果。在宇宙很小、时空的疏松多孔性仍然相当显著的时候，加速膨胀便会自然而然地发生。

宇宙健忘症

宇宙学家曾经认为，宇宙的历史最多追溯到大爆炸，大爆炸奇点界定了时间的开端。然而，在圈量子引力宇宙学中，奇点并不存在，时间也就没有了开端，宇宙的历史或许可以进一步向前追溯。有些物理学家也得出了类似的结论，不过只有极少数模型能够完全消除奇点；大多数模型，包括那些根据弦理论建立起来的模型，都必须对奇点处可能发生了什么做出人为假设。相反，圈量子引力论能够探查"奇点"处发生的物理过程。建立在圈量子引力论基础上的模型，尽管确实经过了简化，但仍然是从一般性原理中发展起来的，因而能够避免引用新的人为假设。

使用这些差分方程，我们可以尝试重建大爆炸前的宇宙历史。一种可能的情景是，大爆炸之初的高密度状态，是大爆炸前的宇宙在引力作用下塌缩形成的。当密度增长到足够高，使引力表现为排斥力时，宇宙便开始再度膨胀。宇宙学家将这一过程称为反弹。

首个被深入研究的反弹模型是一个理想化模型，其中的宇宙高度对称，而且仅包含一种物质。这些物质粒子没有质量，彼此不发生相互作用。尽管十分简单，但理解这一模型仍然需要进行一系列数值模拟。直到2006年，美国宾夕法尼亚州立大学的阿沛·阿什特卡尔（Abhay Ashtekar）、托马什·帕夫洛夫斯基（Tomasz Pawlowski）和帕拉姆普里特·辛格（Parampreet Singh）才完成了这些数值模拟。他们考察了模型中波的传播过程，这些波代表了大爆炸前后的宇宙。该模型清楚地表明，这些波不会盲目地沿着经典路线堕入大爆炸奇点的深渊，一旦量子引力的排斥力发挥作用，波就会停止并反弹回来。

这些模拟还得出了一个令人兴奋的结果：在反弹过程中，一向声名狼藉的量子不确定性似乎始终保持缄默。量子不确定性常常导致量子波扩散，但在整个反弹过程中，模型中的波始终保持局域性。表面上看，这一结果暗示反弹发生前的宇宙与我们的宇宙惊人相似，

大反弹取代大爆炸

圈量子引力论给空间中所能容纳的能量设置了一个上限，从而用大反弹取代了大爆炸奇点。大反弹看起来似乎是一个起点，但实际上只是前一个状态向后一个状态转化的过渡阶段。这场反弹启动了宇宙膨胀。

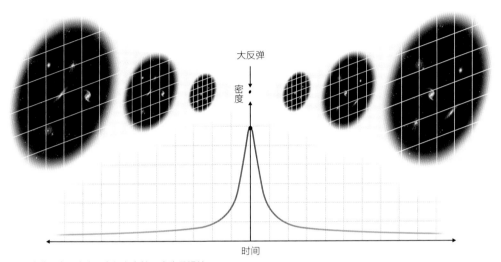

在一种模型中，宇宙是永恒存在的。它先是塌缩，达到可以允许的最大密度（此时发生大反弹），然后再膨胀开来。

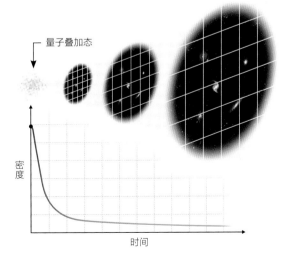

在另一种模型中，大反弹前的宇宙或许已经处于一种几乎无法想象的量子状态，连类似空间的概念都不存在，直到某种东西触发大反弹，产生出时空原子。这两种模型到底哪一种更"真实"，还取决于物理学家仍在努力研究的具体细节。

两者都遵从广义相对论，或许都充斥着恒星和星系。果真如此的话，我们就能逆着时间令如今的宇宙反演回去，跨越宇宙反弹，推算出反弹前宇宙的状态，就像我们根据两个撞球碰撞后各自的轨迹推算出碰撞前它们的运动状态一样。我们没有必要知道碰撞发生时，每个撞球中的每一个原子究竟如何运动。

可惜的是，我后来做的分析粉碎了这一希望。我证明，这一模型以及在数值模拟中使用的量子波都是特例，在通常情况下，这些量子波会扩散开来，量子效应也十分明显，必须被计算在内。因此宇宙反弹并不像撞球碰撞那样，仅仅是一个排斥力简简单单向外一推就能完成的。相反，宇宙反弹或许表明，我们的宇宙是从一种几乎不可理解的量子状态中涌现出来的，也就是说是从一个充斥着大量剧烈量子涨落的混乱世界中演化而来的。即使反弹前的宇宙与我们的宇宙十分相似，它也会经历一段漫长的时期，在这段时期内，物质和能量密度会发生剧烈的随机涨落，把一切都搅得面目全非。

大爆炸前后的密度涨落彼此间没有很强的关联。大爆炸前宇宙中的物质能量分布，可能与大爆炸后的宇宙完全不同，这些具体细节可能无法在宇宙反弹的过程中保留下来。换句话说，宇宙患有严重的健忘症。宇宙可能在大爆炸前就已经存在，但反弹过程中的量子效应几乎会把大爆炸前宇宙的所有痕迹清除得干干净净。

记忆碎片

根据圈量子引力论推导出的宇宙大爆炸图景，比传统的奇点观念更加不可思议。广义相对论确实会在奇点处失效，但圈量子引力论能够处理那里的极端环境。大爆炸不再是物理学上的万物开端，也不再是数学上的奇点，它实际上给我们的认知范围设置了一个极限。大爆炸后保留至今的所有信息，都无法向我们展示大爆炸前宇宙的完整面貌。

这一结果看似令人沮丧，但从概念上说，却无异于一道福音。日常生活中的所有物理体系，无序程度都趋向于不断增长。这一原理被称为热力学第二定律，是人们反驳宇宙永恒存在的论据之一。如果已经逝去的时间无穷无尽，而有序度又一直在不断减小，如今的宇宙就应该十分混乱，以至于我们看到的星系结构，乃至地球本身，都几乎不可能存在。程度适当的宇宙健忘症或许可以拯救永恒宇宙，能将宇宙还原成一张白纸，抹去先前积累下来的所有"混乱"，让如今这个正在成长的年轻宇宙得以存在。

根据传统热力学，"白纸"这样的东西根本不可能存在，每一个系统都会在原子的排列方式中保留一份过去的记忆。不过圈量子引力论允许时空原子的数目发生变化，因此在整理过去留下的混乱局面时，宇宙能够跳出经典物理学的约束，享有更大程度的"自由"。

镜子镜像

　　尽管大反弹时存在一些效应会把宇宙搅得面目全非，但物理学家仍然可以对反弹之前的宇宙做一些合理猜测。有些猜测确实十分奇怪，比如，圈量子引力论的差分方程暗示，反弹前的时空区域是如今我们宇宙中空间的镜像。也就是说，反弹之后表现为右旋的东西，在反弹前是左旋的，反之亦然。

　　为了形象地描绘这一效应，请设想一个正在放气的气球。这个气球不会瘫软成一张柔软的橡皮，而会保持能量和动量守恒。一旦开始运动，这张橡皮就倾向于保持运动状态。因此，当气球收缩到最小状态时，它会内外翻转，再度开始膨胀。原先的气球外表面会变成内表面，反之亦然。与此类似，当时空原子在大反弹时彼此交错而过，宇宙也会发生"内外翻转"。

　　这种翻转十分有趣，因为基本粒子并不完全镜像对称；这些倾向性发生改变时，必然有某些过程会随之而变。这种不对称性，在理解宇宙反弹过程中物质如何变化时，必须被考虑在内。

　　不过，并不是说宇宙学家完全没有希望探测这段量子引力时期。引力波（Gravitational Wave）和中微子是两种很有前途的探测工具，它们几乎不与物质发生相互作用，因此可以穿过大爆炸时的原初等离子体，损失程度最小。这些信使或许可以给我们带来临近大爆炸，甚至大爆炸之前的消息。

　　寻找引力波的一种方法，就是研究它们在宇宙微波背景上留下的印记。如果表现为排斥力的量子引力确实驱动了宇宙暴胀，宇宙学观测或许就能找到这些印记的若干线索。理论学家还必须确定，这种新的暴胀源头能够再现其他的宇宙学观测结果，特别是我们在宇宙微波背景中观察到的早期宇宙中物质密度的分布模式。

　　与此同时，天文学家可以寻找时空原子导致的、类似于随机布朗运动的现象。比如，时空量子涨落可以影响光的远程传播方式。根据圈量子引力论，光波不可能连续，它必须栖身于空间格点之上。波长越短，格点对光波的影响就越大。从某种意义上说，时空原子会不断冲击光波。因此，不同波长的光会以不同的速度传播。尽管差异极小，但在长距离传播的过程中，这些差异会逐步积累。伽马射线暴之类的遥远光源，为检测这种效应提供了最佳机会。

　　对于物质原子而言，从古代哲学家提出最早的设想到爱因斯坦分析布朗运动，从而正式确定原子属于实验科学范畴，其间经历了超过25个世纪的漫漫探索之路。但对于时空原子，探索之路或许不会如此漫长。

抬头仰望星空时，你可能不会想到，

我们现在看到的景象，

是经过了137亿年的演化才变成这个样子。

在这137亿年里，那些点点繁星曾经历了怎样的生死轮回？

十亿、百亿，甚至万亿年后，宇宙又会是什么样子呢？

第二章 演化
EVOLUTION

在宇宙的年龄只有现在的五分之三时，星系团是宇宙代表性的景观。哈勃望远镜已经在轨道上运行了22年，通过它的持续观测，我们得到了星系团的影像。有些星系看上去互相处在对方的引力场里。这样的相互作用在离我们较近的星系团中相当少见，说明宇宙确实在演化。

宇宙的起源与归宿

P. 詹姆斯·E. 皮伯斯（P.James E.Peebles）

美国普林斯顿大学的物理学教授，他于1958年开始从事引力物理学方面的研究，并取得了卓越的成就。他喜欢把大部分业余时间用在陪伴3个孩子上。

戴维·N. 施拉姆（David N.Schramm）

曾是芝加哥大学主管研究工作的副校长，10多年前不幸遭遇空难逝世。

埃德温·L. 特纳（Edwin L.Turner）

普林斯顿大学的天文学科主席，新墨西哥州3.5m ARC望远镜的负责人，他对日本的宗教和文化很感兴趣。

理查德·G. 克朗（Richard G.Kron）

从1978年起在美国芝加哥大学天文与天体物理系任教，同时也是费米国家加速实验室天体物理实验小组成员。他喜欢观测遥远的星系，也喜欢在叶凯士天文台的工作。

精彩速览

- 大爆炸理论认为宇宙从初期的致密态开始膨胀，膨胀在大尺度上是近乎均匀的。这一理论已被大量事实所证明，但其中仍存在一些有待解决的问题，我们还不能确定膨胀的最终结果将演变成"大降温"还是"大挤压"。
- 在不久的将来，也许我们能对大爆炸有更深刻的理解，甚至解决那些超出大爆炸理论范围的问题，比如大爆炸之前有什么。

在大约一百多亿年前的某个时刻，我们现在能观测到的所有物质和能量都聚集在一个比硬币还小的区域里，随后，它开始以一种不可思议的速度膨胀并冷却。当温度下降到1亿倍太阳核心温度时，自然界的那些基本作用力开始出现，基本粒子夸克则自由地徜徉在能量海洋里。接着，宇宙又膨胀了1000倍，我们现在能观测到的所有物质占据的空间膨胀到了太阳系那么大。

那时，自由夸克开始被束缚在中子和质子里。当宇宙又膨胀 1000 倍后，质子与中子开始聚在一起组成原子核，今天的氦原子和氘原子大部分就是那时形成的。以上所有过程都发生在大爆炸后的 1min 内，此时温度仍然太高，原子核还不能捕获电子。直到宇宙持续膨胀了 30 万年后，中性的原子才开始大量出现，这时宇宙尺寸达到了现在的千分之一。此后，中性原子开始凝结成气体云，这些云团随后演化成恒星。在宇宙膨胀到现在尺寸的 1/5 时，恒星聚在一起，形成了年轻的星系。

当宇宙尺度达到现在的一半时，恒星里的核反应产生了大多数重元素，类似地球的行星就是由这些元素构成的。我们的太阳系相对比较年轻，形成于 50 亿年前，那时宇宙尺度是现在的 2/3。随着时间流逝，恒星的形成过程会耗尽星系中的气体，因此恒星数目正逐渐减少。再过 150 亿年，像太阳这样的恒星会更稀少，对天空观测者来说，那时的宇宙将远不如现在这般热闹。

对宇宙起源与演化的认识，是 20 世纪最伟大的科学成就之一。这些知识来自于数十年不断革新的实验与理论。地面上和太空中的最新望远镜接收着数十亿光年以外的星系发出的光线，向我们展示宇宙年轻时的模样。粒子加速器探索着早期宇宙高能环境下的基本物理现象。卫星探测着宇宙膨胀早期遗留下来的宇宙微波背景，展现出我们所能观测到的最大尺度上的宇宙图景。

标准宇宙模型（也称大爆炸理论）对这些海量数据的解释最为成功。这个理论认为，宇宙从初期的致密态开始膨胀，膨胀在大尺度上近乎均匀。目前该理论没有遇到根本性的挑战，当然，它也存在一些有待解决的问题。比如，天文学家还不能肯定星系是如何形成的，但是也没有证据能否认该过程是在大爆炸框架内发生的。实际上到目前为止，从这个理论引申出的各种预言都通过了所有的测试。

但是，大爆炸理论目前也只做到这种程度，还有许多重要的谜题有待揭开。宇宙在膨胀之前是什么样子的？我们不能通过天文观测，回溯到大爆炸之前的时刻。在遥远的未来，当最后一颗恒星耗尽了核燃料后会发生什么？没有人知道答案。

我们可以从不同的视角（神秘主义、神学、哲学或科学）来认识宇宙。在科学上，我们只相信那些经过实验或观测证实的东西，因此我们选择的是一条沉重乏味的道路。爱因斯坦创立的广义相对论确立了质量、能量、空间和时间的关系，现已被很好地验证并接受。爱因斯坦指出，物质在空间均匀分布与他的理论非常吻合。他未经讨论便假定，在大尺度上平均来说宇宙是静态不变的。

1922 年，俄国理论家亚历山大·A. 弗里德曼（Alexander A.Friedmann）意识到爱因斯坦的宇宙是不稳定的，最轻微的扰动也会引起宇宙膨胀或收缩。同时洛厄尔天文台

（Lowell Observatory）的维斯托·M.斯莱弗（Vesto M.Slipher）发现了星系正在相互远离的首个证据。随后，杰出的天文学家埃德温·哈勃在1929年又证明了星系远离我们的速度与它离我们的距离大致成正比。

宇宙膨胀，意味着宇宙从一团高度致密的物质演化为今天彼此相距遥远的星系。英国宇宙学家弗雷德·霍伊尔（Fred Hoyle）是第一个给上述过程取名"大爆炸"的人，他的本意是想讽刺这个理论，但这个名字实在太生动了，便就此流传开来。不过这个名字将宇宙膨胀描绘得好像是空间中一点上的某个物质发生了某种爆炸，多少有些误导人。

其实完全不是那么回事：在爱因斯坦的宇宙中，空间与物质的分布是紧密联系的，观测到的星系系统的膨胀反映的是空间本身的展开。大爆炸理论的要点在于空间的平均密度随宇宙膨胀下降，而物质分布并没有可见的边缘。对普通爆炸来说，运动得最快的粒子飞向空的空间；而对大爆炸理论来说，粒子则是均匀地充满空间。宇宙膨胀对被引力束缚的星系或星系团的大小没什么影响，只是使它们之间的空间伸展了而已。在这种意义上，宇宙膨胀很像是葡萄干面包发酵。生面团类似空间，而葡萄干就像星系团。当面团膨胀时，葡萄干彼此远离，任意两颗葡萄干相互分离的速度完全取决于它们之间的面团有多少。

60多年来，我们已经积累了许多支持宇宙膨胀的证据。第一个重要证据是红移——星系会发射或吸收某些特定波长的光，如果星系在远离我们，这些发射或吸收特征线将被拉长，也就是说退行速度越大，特征线就会变得越红。

遥远星系的多重成像看上去像暗弱的蓝色椭圆，这是引力透镜效应导致的。当远处物体发出的光被干扰物体的引力场偏折时，这种效应就会出现。在这张图里，红色星系团聚集在中间，使位于它们后方更远处的星系的像扭曲了。这张图片由哈勃望远镜提供。

哈勃定律

哈勃通过测量发现，远处星系的红移比近处星系的红移要大。这就是现在熟知的哈勃定律，它正是均匀膨胀宇宙模型所预测的结果。哈勃定律表明，星系的退行速度等于它们之间的距离乘上哈勃常数。近处星系的红移效应十分微弱，要使用相当精良的测量仪器才能检测到。而那些非常遥远的星系，比如射电星系和类星体，它们的红移就非常惊人，其中一些星系的退行速度可达到光速的90%。

哈勃对宇宙图景还有另一个关键贡献。他通过对天空不同方向的星系计数，发现它们似乎分布得很均匀。哈勃常数在所有方向上好像都是相同的，这正是均匀宇宙膨胀的必然结果。现代巡天证实了这条基本原则：宇宙在大尺度上是均匀的。尽管近处的星系显示出成团性，不过更深的巡天还是能反映出相当的均匀性。

以银河系为例，目前银河处在一个由20多个星系组成的集体中，而这又是本超星系团（Local Supercluster）延伸出的星系联合体的一部分。星系团的结构一级一级往上，一直上升到5亿光年的尺度。随着考察尺度的增加，其内平均物质密度的起伏不断减小。在接近观测极限的尺度上，平均物质密度起伏不到0.1%。

为了验证哈勃定律，天文学家需要测量星系的距离，有一种方法是观察星系的视亮度。如果某星系比另一个同类星系暗4倍，那么距离大约就是它的2倍。这一关系已在观测可及的距离范围内验证过了。

有批评者指出，看上去更小更暗的星系不一定真的距离更远。幸运的是，有明确迹象表明红移越大的星系确实距离也越大。证据来自引力透镜效应（见上图）。像星系这样质量巨大且致密的天体可以形成天然透镜，由于可见光和其他电磁辐射的轨迹被弯折，任何位于它后面的辐射源都将产生一个扭曲放大的像（甚至可能是多个像）。因此如果一个星系位于地球和某些遥远天体的连线上，它将弯折这些天体发出的光线，使遥远天体变得可见。在过去的10多年里，天文学家已经发现了20多个引力透镜。人们注意到，透镜后方天体的红移总是比透镜本身的高，这也定性地证实了哈勃定律。

哈勃定律之所以具有重大意义，不仅因为它描述了宇宙的膨胀，还因为它能用来计算宇宙的年龄。具体来说，大爆炸距今的时间是哈勃常数当前值与其变化率的函数。天文学家已大致算出膨胀的速率，但还没有人能精确测得其变化率。

不过还是可以从宇宙平均密度来估计这个量。由于引力抑制了宇宙膨胀，我们可以预期，星系相互远离的速度将比以前更慢，因此膨胀速度的变化率与引力的拖拽效应有关。引力是由平均密度决定的，如果只考虑星系里面和附近的可见物质，并以此来计算密度，那宇宙的年龄可能在100亿~150亿年之间（这个范围还考虑了宇宙膨胀率的不确定性）。

但是许多研究者认为宇宙密度要比上述计算结果的最小值大，因为所谓的暗物质的存在将产生影响，带来差别。一种观点认为，宇宙的密度足够大，因此在遥远的未来，膨胀速度将降到接近于0。在这种假设下，宇宙的年龄将降至70亿~130亿年之间。

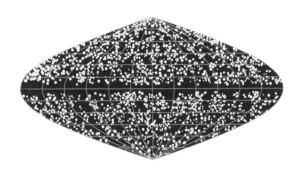

在这幅包含了从3亿~10亿光年远的天体图中，可以明显看出星系是均匀分布的。唯一不均匀的地方是靠近中线的间隙，这是因为天空的这个区域被银河挡住了。这张图片由普林斯顿大学的迈克尔·施特劳斯（Michael Strauss）依据红外天文卫星的数据制作。

　　为了让这些估测更加准确，天文学家都在致力于研究如何更好地测量星系的距离和宇宙的密度。估测出的膨胀时间可作为检验大爆炸理论的重要指标。如果这个理论是正确的，可观测宇宙中的所有物质都应该比从哈勃定律算出的宇宙年龄要年轻。

　　其实这两个时间尺度看上去大致相容。比如，由白矮星冷却速率估得银河系中最古老的恒星大约已有 90 亿岁。由计算恒星核反应燃料的消耗率推知，银河系晕中的恒星年纪更大，大约为 120 亿年。而根据放射性年代测定法测出的最古老化学元素的年龄也是约 120 亿年。实验室的工作人员是依据原子物理和核物理推算出这些数据的。值得注意的是，上述结果与由宇宙膨胀推算的宇宙年龄大体上是一致的。

　　另一个理论——稳恒态宇宙理论同样成功地对宇宙的膨胀和均匀性做出了解释。1946 年，3 个英格兰物理学家霍伊尔（Hoyle）、赫尔曼·邦迪（Hermann Bondi）和托马斯·戈尔德（Thomas Gold）提出了如下宇宙学理论：宇宙在永远膨胀，而物质自发地产生出来填充真空。当新产生的物质积累到一定程度就会形成新的恒星接替老的。这个稳恒态假设预言，近处的星系团在统计意义上跟远处的应该是相同的。而大爆炸理论做出的预言则跟稳恒态理论不同，它认为如果星系是很久以前形成的，那么远处的星系应该看上去比近处的星系年轻，因为它们发出的光线需要更长的时间才能到达我们这里，这些星系应该包含更多年轻的恒星和更多还未形成恒星的气体。

验证稳恒态假设

　　从理论上说，这个检验很容易，但真正研发出足够灵敏的探测器用以研究遥远的星系却花了几代人的时间。当天文学家检查近邻射电星系时，他们在光学波段看到的是大致呈圆形的恒星系统，而远处的射电星系看上去呈拉长甚至是不规则的结构。此外，与近处星系不同，在大部分远距离星系中，可见光波段的图像通常跟射电波段的相近。

天文学家研究大质量、密集的星系团时，同样发现了近邻星系与远处星系有差别。远距离星系团包含正在形成恒星的偏蓝星系；而近处类似的星系团却包含偏红星系，其中的恒星形成早就不活跃了。哈勃望远镜的观测证实，至少有部分年轻星系团中的强烈恒星形成活动是由于成员星系的碰撞造成的，而这种过程现如今非常罕见。

如果所有星系都在相互远离并且都是由早先的形态演化而来，那么符合逻辑的推论就是，它们曾经充塞在一片稠密的物质与能量之海中。事实上，在对遥远星系所知不多的1927年，比利时神甫、宇宙学家乔治·勒梅特（Georges Lematre）就已经提出，宇宙的膨胀可追溯到一个极其致密的状态，他称之为远古的"超级原子"（Super-Atom）。他认为我们也许能够探测到它的遗留辐射。可是，这个辐射应该是什么样子的呢？

在宇宙非常年轻和炙热的时候，辐射很容易被各种粒子吸收或散射，因而不能沿直线

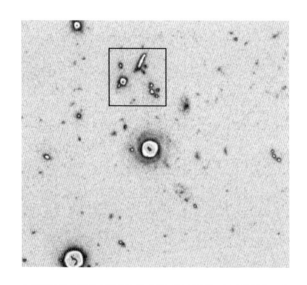

在这张哈勃深场放大图上可以看到远距离星系。框中的结构距离我们106亿光年，因此我们观测到的是它在宇宙还只有今天年龄的12%时的模样。图中另外一些星系离地球更近，所以这个图在视线方向上包含了很大距离范围内的星系。像这样的图片能提供重要信息，告诉我们星系是如何从过去不规则的松散结构演化成现在规则得多的形态。天文学家一般使用类似这幅图的底片，因为那样的图里背景是亮的而恒星是暗的，容易看出不太明显的特征。

传播太远。这样不停的能量交换维持着热平衡，任何特定区域都不太可能比平均水平热太多或冷太多。当物质和能量处在这种状态时，就会产生所谓的热辐射谱，其中各波长的辐射强度完全由温度决定。因此，大爆炸产生的辐射可以由它的能谱辨认出来。

事实上，这个宇宙背景热辐射已经被发现了。20 世纪 40 年代，美国麻省理工学院的罗伯特·H. 迪克（Robert H.Dicke）一直致力于改进雷达，他发明了微波辐射计——一种检测微弱辐射的设备。到了 20 世纪 60 年代，贝尔实验室开始在望远镜上使用辐射计来追踪早期通信卫星 Echo-1 和 Telstar。没有想到，建造该设备的工程师探测到了额外的辐射信号。随后，阿诺·A. 彭齐亚斯（Arno A.Penzias）和罗伯特·W. 威尔逊（Robert W.Wilson）鉴定出这个信号是宇宙微波背景。有意思的是，彭齐亚斯和威尔逊的这个思路源于迪克的启发，因为迪克曾建议人们用辐射计来搜寻宇宙微波背景。

天文学家通过使用宇宙背景探测器（COBE）卫星和大量探空火箭、气球、地面设备，对宇宙微波背景做了深入研究，发现宇宙微波背景有两个特征。一是它各向同性（1992 年美国航空航天局戈达德太空飞行中心的约翰·马瑟（John Mather）领导的 COBE 研究团队证明了其涨落的幅度不超过十万分之一）。这很好解释，因为辐射均匀地充满在空间中就会产生这样的结果，正如大爆炸理论预言的那样。二是宇宙微波背景能谱非常接近 2.726K 的黑体谱。毫无疑问，宇宙微波背景是在宇宙远热于 2.726K 时产生的，但科学家们早就预测到辐射看上去温度会比较低，20 世纪 30 年代，美国加州理工学院的理查德·C. 托尔曼（Richard C.Tolman）指出，宇宙微波背景的温度将因宇宙膨胀而下降。

宇宙微波背景可以证明，宇宙是由致密高热的状态膨胀而来的，因为这是产生这种辐射所必需的条件。在那个致密高热的宇宙里，热核反应合成了比氢重的元素，包括氘、氦和锂。值得注意的是，由此计算出来的轻元素比例与观测到的丰度是一致的。也就是说，所有证据都表明，轻元素确实是在年轻炙热的宇宙中生成的，而那些更重的元素，则要在将来作为恒星内部热核反应的产物时才会出现。

轻元素合成理论是在第二次世界大战之后的科研热潮中出现的。乔治·伽莫夫（George Gamow）、乔治·华盛顿大学的研究生拉尔夫·A. 阿尔法（Ralph A.Alpher）和约翰·霍普金斯大学应用物理实验室的罗伯特·赫尔曼（Robert Herman）等人通过战争时期得到的核物理数据，推测了早期宇宙中发生了哪些核过程，生成了哪些元素。阿尔法和赫尔曼还意识到，在现代宇宙中应该能找到大爆炸的残留物。尽管这项工作中的许多重要细节有误，但它毕竟开创性地将核物理和宇宙学关联起来。正因为研究人员证明，早期宇宙可以看成是某种核反应堆，物理学家才能精确计算大爆炸中产生的轻元素的丰度，以及它们随后是如何在星际介质和恒星内部变化的。

宇宙大拼图

我们对早期宇宙的认识还不能直接得到星系形成的完整图景。尽管如此，我们还是掌握了好几块拼图。引力将导致物质密度增加，因为它会抑制高密度区域的膨胀，使那里变得越来越密集。我们已在近邻星系团的成长中观察到了这个过程，星系可能也是在同样的过程中形成的，只是尺度要小些。

辐射的压力会抑制早期宇宙结构的增长，不过当宇宙膨胀到现在尺寸的 0.1% 时就不一样了。在那个时刻，宇宙温度约为 3000K，已经低到足够使离子和电子结合成中性的氢和氦原子。中性物质不怎么受辐射影响，可以聚集起来形成气体云，然后再塌缩成星团。观测表明，在宇宙达到现在 1/5 大小时，物质已聚集成巨大的气体云，形成星系的雏形了。

当务之急是解释一个看似矛盾的问题——早期宇宙观测到的均匀性和现在星系的团块分布。天文学家认为早期宇宙密度起伏不大，因为在宇宙微波背景中只观测到非常微小的不规则成分。到目前为止，建立与现有测量数据相容的理论还算容易，但更关键的检验还在进行中，特别是只有在观测分辨率小于 1 度时，不同星系形成理论所预言的背景辐射涨落才能看出显著区别。目前还无法进行这么小尺度的测量，但研究人员已经在着手准备

元素的丰度

宇宙里中子和质子的密度决定了某些元素的丰度。计算表明，在一个密度更高的宇宙里，氦的丰度没什么不同，而氘的丰度会明显降低。图中阴影区域与观测值相符，其中氦占24%，而锂的同位素占1/10¹⁰。大爆炸理论与观测数值的一致性是它的最成功之处。

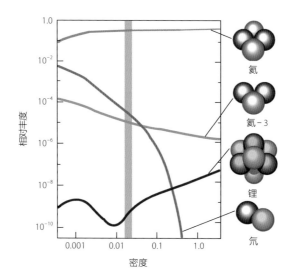

这方面的实验了。将来就会知道现在那些星系形成理论中有哪个能通过检验，想想就令人激动。

据我们所知，当前的宇宙是最适合生命发展的，在观测可及的宇宙范围内大约有1万亿颗太阳这样的恒星。大爆炸理论认为，生命只能存在于宇宙的某一阶段——过去它太热，未来它的资源又有限。虽然大部分星系还在产生新的恒星，但其他很多星系已经耗尽了它们的气体储备。300亿年后，星系将变得黯淡，充满了死亡或垂死的恒星。与现在相比，适合生命居住的行星将少得多。

宇宙也许会永远膨胀下去，所有的星系和恒星最终将变得又暗又冷，这就是"大降温"（Big Chill）。另一种可能是"大挤压"（Big Crunch），如果宇宙的质量足够大，万有引力最终将逆转膨胀，所有的物质和能量都会重新塌缩回到一点。下一个10年里，随着研究人员测量宇宙质量方法的不断改进，我们也许会知道现在的膨胀最终将演变为"大降温"还是"大挤压"。

在不久的将来，我们能对大爆炸有更深刻的理解。对宇宙膨胀率和恒星年龄的测量已经证实，恒星年龄确实比宇宙膨胀历史要短。天文学家正在利用望远镜（比如设在夏威夷岛上口径10m的凯克望远镜、口径2.5m的哈勃望远镜以及分布在南极和人造卫星上的其他新望远镜）观测宇宙微波背景，同时开展物理实验寻找"暗物质"，这些努力也许最终能让我们知道，宇宙内物质是如何影响时空曲率，而时空曲率又是如何反过来影响我们对遥远星系的观测的。

此外，我们还将继续研究那些超出大爆炸理论范围的问题。比如，为什么会发生大爆炸？在那之前有什么？宇宙是否有兄弟姊妹（即在我们观测所及的范围之外是否还有其他膨胀区域）？自然基本常数为什么是现在这些值？粒子物理学的最新进展提供了一些有趣的解题思路，但问题在于如何用实验进一步证明。

在我们讨论这些宇宙学问题时，必须牢记一点：所有物理理论都只是真实的近似，各有其应用范围。人们总是不断将那些已被实验证实的旧理论融入新的更宏大的理论框架中，物理学就是这样前进的。

大爆炸理论已为大量事实所证明，它解释了宇宙微波背景、轻元素的丰度和宇宙的膨胀。因此，未来的宇宙学理论肯定要包含大爆炸理论。宇宙学已完成了从哲学到物理学的发展，今后它获得的任何新进展，都要接受观测和实验的双重验证。

仙女星系是一个很好的例子，可以解释计算宇宙膨胀率为什么很难。仙女星系离地球有250万光年，但它仍受到银河系的引力作用，因而宇宙膨胀对仙女星系的相对运动影响不太。虽然观测更遥远的星系，天文学家可以发觉宇宙膨胀，但这样一来，他们对精确的膨胀率又很难弄清楚，因为遥远星系的距离很难测量。

关键常数预测宇宙命运

温蒂·L.弗里德曼（Wendy L.Freedman）

1984年在多伦多大学获得天文和天体物理学博士学位，1987年成为美国卡内基研究所的第一位女性科研人员。她因为对河外星系的距离以及星系的星族方面的研究，获得了1994年的马克阿伦森奖。她是哈勃望远镜重点项目、哈勃常数测量的共同带头人，也是美国国家研究委员会在天文学和天体物理学方面的成员、粒子天体物理学中心的执行董事。除天文学之外，她主要的兴趣是她的家庭：丈夫巴里、女儿蕾切尔和儿子丹尼尔。

由于宇宙诞生于激烈的大爆炸，银河系和其他所有星系正在彼此远离而去。回顾20世纪宇宙学方面取得的成绩是非常有意义的，如发现宇宙膨胀、探测到来自宇宙爆炸之初的宇宙微波背景、推断出宇宙化学元素的起源、绘制出大尺度结构和星系运动的图像。尽管取得了以上进展，基本问题仍然存在：宇宙膨胀始于何时？宇宙将永远膨胀下去，还是引力最终将阻止宇宙的膨胀并使其塌缩回来？

数十年来，宇宙学家试图通过测量宇宙的大小和膨胀率来回答上述问题。为完成这些任务，天文学家不仅需要确定星系运动有多快，还需要确定它们有多远。测量星系速度的技术已经非常成熟，但估计星系距离仍很困难。在过去的 20 多年里，几个独立的天文学家小组已经开发出更好的方法来测量星系的距离，给出了对膨胀率的全新估计。而且，由于哈勃望远镜的分辨率极高，增加了对河外星系的观测范围并提高了精度，科学家对宇宙膨胀率也有了新的认识。

根据目前一些线索得出的膨胀率计算，宇宙的年龄或许是 137 亿年。这些证据还表明，宇宙膨胀可能会无限期地持续下去。不过，许多天文学家和宇宙学家并不认为这些证据是最可靠的。现在，我们来讨论一下我们自己的技术有哪些优点。

无论是确定宇宙的年龄、命运，还是建立宇宙学的理论和星系形成的模型，精确测量膨胀率都极为重要。此外，膨胀率对于估算一些基本物理量也很重要，比如从最轻元素（如氢和氦）的密度，到星系及星系团中不发光物质（如氢和氦）的含量。因为计算天体的光度、质量和大小需要精确的距离测量，所以宇宙距离尺度或膨胀率的问题将影响整个河外星系天文学领域。

80 多年前，天文学家开始测量宇宙的膨胀率。1929 年，卡内基研究所天文台的著名天文学家埃德温·P. 哈勃（Edwin P.Hubble）得到了引人注目的观测结果——星系退行速度与其距离成正比。他的观测为整个宇宙正在膨胀提供了第一个证据。

哈勃常数

哈勃是第一位测定膨胀率的人。后来这个量被称作哈勃常数，即星系的退行速度除以它的距离。对哈勃常数的一个非常粗略的估计是 100km/s/Mpc。天文学家常用百万秒差距（Mpc）来表示距离，其中一个百万秒差距为光在 326 万年中走过的距离。这样，一个在 50 个百万秒差距处的典型星系大约以 5000km/s 的速度远离我们。因此，一个在 500 个百万秒差距处的星系大约以 50000km/s 的速度远离。

80 多年来，天文学家一直对膨胀率的精确值进行着激烈争论。哈勃最初得到一个 500km/s/Mpc 的值。1953 年哈勃逝世后，他的弟子，也在卡内基的艾伦·R. 桑德奇（Allan R.Sandage）继续勘测宇宙膨胀率。随着桑德奇和其他人做了更精确和广泛的观测，他们修改了哈勃原来的数值，将其下调到 50~100km/s/Mpc 的范围内，从而表明宇宙更加古老，远大于最早测量暗示的宇宙年龄。

过去 30 多年里，对哈勃常数新的估计继续落在这个范围内。桑德奇和他的长期合作

光周期

造父变星的脉动

造父变星比太阳的质量大几倍，是相对年轻的恒星，其亮度呈周期性变化。从几天到几个月时间里，造父变星先变亮，然后缓慢变暗。造父变星之所以会有这种变化，是因为作用于恒星大气上的引力与恒星内部热气体的压力不完全平衡。

不平衡是由造父变星的大气变化造成的。造父变星的大气中，一个重要成分是一次电离氦（即丢失一个电子的氦原子）。随着造父变星的内部辐射出电磁波和粒子流，大气中的一次电离氦吸收和散射这些辐射有可能发生二次电离（即氦原子释放出第二个电子）。这样，大气变得更加不透明，使得辐射很难穿透大气。辐射与物质之间的相互作用产生压力，有力地将恒星的大气向外推。结果是，造父变星大小增大、亮度增强。

然而，随着大气膨胀，造父变星也开始冷却，在较低的温度下，氦回到一次电离态。因此，辐射更容易通过大气，作用在大气上的压力降低。最终，大气塌缩回到初始大小，而造父变星恢复原来的亮度。然后，循环又一次重复。

位于M100星系中的造父变星在其光变周期上三个不同时期的图像（见顶部）。从左至右，恒星的亮度由弱到强。

伙伴，瑞士巴塞尔大学的古斯塔夫·A.塔曼（Gustav A.Tammann）主张，这个值应为50km/s/Mpc。然而，得克萨斯大学已故科学家热拉尔·得伏古勒尔（Gérard de Vaucouleurs）则认为，这个值应该是100km/s/Mpc。直到2009年5月7日，美国航空航天局根据对遥远星系 Ia 超新星的最新测量结果，确定哈勃常数为（74.2±3.6）km/s/Mpc，这个值的误差在5%以内。

原则上，确定哈勃常数十分简单，仅须测量速度和距离。测量星系的速度很直接，天文学家对星系发出的光进行分光，然后记录其光谱。一个星系的光谱具有独有的谱线，而这些谱线出现在特定的波长处，是因星系中的气体和恒星吸收或发出某些光线时形成的。对于一个正在远离地球的星系，这些谱线向更长的波长位置移动，且谱线移动大小与速度成正比，这就是所谓的红移效应。

如果测量哈勃常数如此简单，为何近80多年来它仍然是宇宙学中一个悬而未决的问题呢？实际上，测量哈勃常数是极其艰难的，主要有两个原因：第一，尽管我们能够精确测量星系的速度，但它们与邻近星系间有引力相互作用。在这种情况下，它们的速度有扰动，引起本动（Peculiar Motion，星系实际运动相对哈勃运动的偏离），并且本动叠加到了宇宙总体膨胀上；第二，建立精确的距离尺度比预期的要困难许多。所以精确测量哈勃常数不仅要建立精确的河外星系的距离尺度，而且还要在更远的距离上来完成这本已十分艰巨的任务，这个距离要远到足以使得星系的本动相对于哈勃流（Hubble Flow，宇宙所表现出来的普遍膨胀运动）非常小。为测定星系的距离，天文学家必须从各种复杂的方法中做出选择。每一种方法都有其优点，但都不完美。

测量星系的距离

天文学家通过监测一种通常叫作造父变星的恒星，能够较准确地测量出附近星系的距离。这种恒星的亮度随时间以独特的方式呈周期性变化。在周期的开头部分，造父变星的光度增大非常迅速，而在周期的剩余部分，光度缓慢减弱。平均而言，造父变星大约比太阳亮 10000 倍。

令人意想不到的是，利用造父变星的周期长度和它的平均视亮度（在地球上观察到的亮度），可以计算出造父变星的距离。1908 年，哈佛大学天文台的亨丽埃塔·S.勒维特（Henrietta S.Leavitt）发现，造父变星的周期与其亮度密切相关，周期越长，恒星越亮。这是因为造父变星的亮度与其表面积成正比，正如大钟的低频（或更长的周期）共振，大而亮的造父变星脉动周期更长。

通过观察造父变星的亮度随时间的变化，天文学家可得到它的周期和平均视亮度，从而计算出它的绝对亮度［指假定将恒星放置在标准距离，即 10s 差距（32.6 光年），该恒星的视亮度］。此外，因为视亮度的大小与天体距离的平方成反比，随着距离增加，视亮度降低。因此，可以由其绝对亮度和视亮度的比值来计算出造父变星的距离。

20 世纪 20 年代，哈勃用造父变星证实了银河系外存在其他星系。通过研究例如在仙女座大星云（M31）、三角座星云（M33）、NGC 6882 等天体的照片中发现的一些暗弱的、类似恒星状图像，并测出它们的视亮度和周期，可以证明这些天体位于太阳几十万光年以外，也在银河系之外。从 20 世纪 30~60 年代，哈勃、桑德奇和其他一些人致力于从附近的星系中寻找造父变星。他们成功地测量了地球到大约 12 个星系的距离。这些星系中，约有一半可用来推导哈勃常数。

使用造父变星方法的一个困难是，宇宙尘埃会减弱视亮度。尘埃颗粒吸收、散射和红化所有类型恒星发出的光。另一个复杂情况是，很难确定化学元素丰度不同的造父变星在亮度上有多少不同。尘埃和元素丰度对蓝光和紫外光的影响最严重。天文学家要么在红外波段观测造父变星，因为在这个波段尘埃和元素丰度的影响不重要，要么在很多不同的光学波段观测造父变星，以便能够评估和校正以上这些影响。

20世纪80年代，通过使用电荷耦合器件（CCD），并在许多地方（包括夏威夷的莫纳克亚山、智利的拉斯坎帕纳斯和加利福尼亚州的帕洛玛山）使用大型反射式望远镜，我和合作伙伴（也是我的丈夫）加州理工学院的巴里·F. 马多雷（Barry F.Madore），重新测量最近星系的距离。结果，我们以前所未有的精度确定了附近星系的距离。

这些观测被证明是校正尘埃影响、改善以往照相测光法的关键。在某些情况下，通过校正，地球到附近星系的距离减少了一半。如果可行，我们可以直接用造父变星来测量与宇宙膨胀有关的距离。可惜到目前为止，我们都未能在足够远的星系中观测到造父变星。如果能观测到，我们就可以知道，这些星系的行为能不能反映哈勃观测到的宇宙膨胀现象。

不过，在更大尺度上，也就是远远超过利用造父变星所能测量的范围，天文学家已开发出其他一些方法来测量星系间的相对距离。因为需要用造父变星的距离尺度来校准，所以这些技术被认为是二级的"距离指示器"。

在过去20多年里，通过发展技术测量这些相对距离，天文学家已经取得了很大的进步。这些方法包括观测和测量一种特殊的超新星——一种标志着某些低质量恒星死亡的灾难性爆炸。基于造父变星的校准，通过研究这种超新星，现在桑德奇和同事正在确定哈勃常数。其他二级距离测定方法包括：测量整个漩涡星系的亮度和旋转速度、测量椭圆星系的光线波动以及分析和测量另一种更大质量的年轻超新星的膨胀特性。用以上技术来测量哈勃常数的关键是，先要确定利用造父变星筛选出的星系的距离，然后利用地球到这些星系的距离，就可以校正通过二级方法得到的河外星系的相对距离。

然而，对于哪种二级"距离指示器"比较可靠，科学家还未达成共识。俗话说，"细节决定成败"。对于如何应用这些方法，是否应该校正各种可能会使结果产生偏差的影响，以及什么是真正的不确定性，天文学家都有不同的意见。目前，大多数关于哈勃常数的争论的根源都在于对二级方法的选择不同。

1908年，哈佛大学天文台的亨丽埃塔·S.勒维特发现了造父变星的光变周期与其绝对亮度之间的关联。这种关联使得天文学家能测量邻近星系的距离。

计算距离

旋涡星系

图中是在地球南半球可见的、出现在天炉座星系团中的漩涡星系NGC 1365。美国航空航天局的科学家把这个星系旋臂中的50个造父变星当作"距离指示器",估计出从地球到天炉座星系团的距离大约为6000万光年。

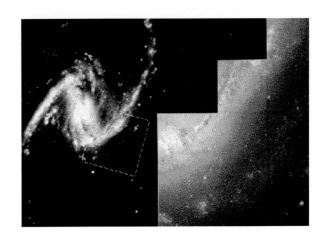

确立距离尺度

塔利—费希尔关系(Tully-Fisher Relation)是一种用于测量远距离的技术,依赖于星系的亮度与旋转速度之间的关联。通常高光度星系比低光度星系质量大,所以明亮的星系比暗淡的星系旋转得慢。几个小组检验了塔利—费希尔关系,并证明这个关系似乎不取决于环境。在富星系团(Rich Clusters)密集部分、富星系团的外区以及相对孤立的星系,这个关系都保持不变。塔利—费希尔关系可用来估计3亿光年以内的距离。其缺点是,天文学家对塔利—费希尔关系缺乏细致的理论认识。

另一个有巨大潜力的"距离指示器"是一种名为Ia型超新星的特殊超新星。天文学家认为,Ia型超新星出现在双星系统中,该系统中的一颗恒星是非常致密的白矮星。当伴星将质量转移到白矮星时,会引发爆炸。因为超新星释放大量辐射,天文学家应该能够看到50亿光年处的超新星,这个距离覆盖了半个可见宇宙的半径。

Ia型超新星能成为比较好的"距离指示器",是因为在其亮度的峰值处,它们的亮度都大致一样。利用这一信息,天文学家可以推断出它们到地球的距离。

如果在造父变星方法的测量范围内，我们也能在某些星系中观测到超新星，那么这些超新星的亮度可以用来推断距离。然而实际上超新星的亮度不完全一样，因此得考虑亮度的变化范围。还有一个困难是，超新星爆发是非常罕见的事件，因此在地球附近看到它的机会非常小。"超新星法"还有一个缺陷：在那些离我们很近，可以用造父变星方法测量距离的星系里，我们所观测到的超新星中，约有一半是数十年前发现的，因此相关的测量并不是很准确。

较近星系的表面亮度呈颗粒状，而在遥远星系的表面，亮度分布更均匀。因为随着距离的增加，分辨单个恒星变得越来越困难，于是颗粒状的程度减小。利用这一点，麻省理工学院的约翰·L.东尼瑞（John L.Tonry）和同事开发出了一种有趣的方法，利用星系表面视亮度的波动来估计星系的距离。目前这种方法还不能像塔利—费希尔关系或超新星法那样，测量那么遥远的星系的距离，但这种方法为其他方法提供了一种重要的、独立的途径来检测和比较相对距离。经过比较，各种测量方法得到的结果相当一致，这是近年来最重要的进步之一。

几十年来，天文学家已经认识到，为解决河外星系距离尺度问题上的僵局，需要做空间分辨率非常高的观测。相对于地面望远镜，哈勃望远镜可在10倍于前者的观测距离上（体积也比地面望远镜积大1000倍）分辨出造父变星。建造在轨光学望远镜的一个主要目的，是为了能够在遥远的星系中发现造父变星，从而精确测量哈勃常数。

20多年前，我和几位同事得到了一些使用哈勃望远镜的时间来从事这项研究。这个项目有26位天文学家参与，由我、斯特朗洛山、赛丁泉天文台的杰里米·R.莫尔德（Jeremy R.Mould）和斯图尔德天文台的罗伯特·C.肯尼柯特（Robert C.Kennicutt）领导。我们要用造父变星方法，测量大约20个星系与地球的距离，由此得到的数据足以让我们校正各种各样的二级测距方法。我们旨在对比许多技术的测量结果，并评估出哈勃常数的测量中真正的不确定因素。

在研究中，我们采用了许多方法，包括塔利—费希尔关系、Ia型超新星、II型超新星、表面亮度的波动以及利用造父变星方法测量室女座和天炉座星系团中的星系与地球的距离。我们开始得到的结果是，哈勃常数的值约为70km/s/Mpc，这个值约有15%的不确定性。后来在2010年，我将这个值更新为（73±2±4）km/s/Mpc，其中第二项为随机误差，第三项为系统误差。

因为不必寻找能观测到造父变星的星系，并可用来测量大尺度上的距离，另外两种确定哈勃常数的方法引起了人们极大的兴趣。第一种候选方法依赖于一种叫作引力透镜（Gravitational Lensing）的效应。从遥远光源发出的光在到达地球的途中，如果接近了一个星系，根据爱因斯坦的广义相对论，光会因为引力的作用偏折。光在星系的周围可以走许多不同的路径，有的较短、有的较长，因此会在不同的时间到达地球。如果光源的亮度以某种特殊方式变化，光信号将会首先在最短的路径中被观测到，一段时间后，又在最长的路径中再次被观测到。到达时间的不同揭示了两条光路的长度差异。应用星系质量分布的理论模型，天文学家可算出哈勃常数的值。

第二种方法用到一种叫作苏尼亚耶夫—泽尔多维奇效应（Sunyaev-Zel'dovich effect，SZ效应）的现象。当来自宇宙微波背景的光子穿过星系团的时候，光子会与星系团内的热等离子体（X射线）电子相互作用，高温的自由电子会把自己的能量传递给光子，这个过程称为逆康普顿散射。这种散射的最终结果是，星系团所在方向的宇宙微波背景温度会降低。通过比较微波和X射线的分布，就能推断出星系团与地球的距离。不过，为确定距离，天文学家同样需要知道电子的平均密度、分布情况和温度，还需要准确测量宇宙微波背景的温度下降程度。通过计算星系团的距离并测量它的退行速度，天文学家能得到哈勃常数。

上述两种测量方法大有前途。可是，迄今为止却几乎用不上，因为具有使用这两种测量方法必需特性的天体非常少。因此，这些方法都还没有经过严格检验。幸亏有新的大型巡天调查，这两个领域正在取得令人瞩目的进展。目前用这些方法给出的哈勃常数的值在40~80km/s/Mpc范围内。

关于哪种测定遥远星系距离的方法最好的争论还在继续。所以，对于哪个是当前最准确的哈勃常数的估计，天文学家还持有许多不同意见。

宇宙有多少岁？

确定哈勃常数的值对了解宇宙的年龄、演化和命运非常重要。一个较低的哈勃常数值暗示着宇宙年龄较老，反之，一个较大的值暗示宇宙较年轻。例如，100km/s/Mpc的值表明宇宙大约有65亿~85亿年的历史（具体"年龄"取决于宇宙中物质的量，以及由这些物质引起的相应的膨胀速率的快慢）。然而，50km/s/Mpc的值表明宇宙已经有130亿~165亿年的高龄了。

宇宙的最终命运又是怎样的呢？如果宇宙中物质的平均密度低，按照标准宇宙学模型的预言，宇宙将永远膨胀下去。

然而，理论和观察认为，宇宙的质量并不只是由可以归为发光物质的那些物质组成。搜寻宇宙中的暗物质已成为宇宙学研究中的一个非常活跃的领域。要明确地回答宇宙命运的问题，宇宙学家不仅需要哈勃常数、宇宙的平均质量密度，而且还需要单独测量宇宙的年龄。要准确说明宇宙的几何结果和演化，以上三个量都是必需的。

如果哈勃常数较大，这将对理解星系和宇宙的演化产生深远影响。70km/s/Mpc 的哈勃常数得出的宇宙年龄估计为 90 亿~120 亿年。考虑到宇宙平均密度值的不确定性，在这个哈勃常数值下，高密度的宇宙对应约 90 亿年的年龄，低密度的宇宙对应约 120 亿年的年龄。

以上估计值都小于理论模型显示的老年恒星系统——球状星团的年龄。球状星团被认为是银河系中最早形成的天体，而且它们的年龄估计在 130 亿~170 亿年之间。球状星团的年龄显然不能比宇宙自身的年龄还要老。

由于球状星团的估计年龄较大，这个值常用来支持较低的哈勃常数值，因为只有这样，宇宙的年龄才会更加古老。然而一些天文学家认为，预测球状星团年龄的理论模型可能并不完整，而且可能建立在错误的假设基础之上。例如，这些模型存在的前提是，要准确知道球状星团中某些元素的比例，尤其是氧和铁。再者，要准确预测年龄，需要精确测量球状星团内恒星的光度，而要测量光度值，又需要精确测量球状星团到地球的距离。

来自依巴谷卫星（Hipparcos Satellite）的测量显示，球状星团到地球的距离可能必需略微增加。如果得到证实，这种变化产生的影响将会减小球状星团的年龄，或许只有 110 亿~120 亿岁。考虑到哈勃常数的测量，以及球状星团模型及其距离的测量中都存在不确定性，上述结果可能表明，从宇宙膨胀来看，宇宙年龄和球状星团的年龄之间并不存在严重分歧。

不管怎样，那些微弱的差异都凸显了精确测量距离的重要性，不管是对于星系研究、确定哈勃常数，还是对于理解球状星团及其年龄。

一个较大的哈勃常数引发了另一个严重问题：这个数值与星系如何形成、星系在空间中如何分布的标准理论不符。譬如，标准理论预测了宇宙演化到现在我们观测到的这种星系分布，即大尺度成团，需要多少时间。如果哈勃常数较大（也就是说，宇宙是年轻的），这些模型就无法再现我们观测到的星系分布情况。

2012 年，哈勃望远镜的红外相机发现了距地球 105 亿光年的星系团，而此前一直未能发现它。大型地面望远镜的巡天项目也会测出更多星系的相对距离，这些星系的距离以前无法用造父变星方法进行测量。

一些有前途的太空任务已经上马，如美国航空航天局的威尔金森微波各向异性探测器（Wilkinson Microwave Anisotropy Probe，WMAP）和欧洲空间局的普朗克探测器。这两个实验对宇宙微波背景中的细微起伏做了细致的成像，发现了暗能量存在的直接证据。WMAP 测出的哈勃常数为（71.0 ± 2.5）km/s/Mpc。

虽然科学史表明，我们绝非是与这些问题相搏的最后一代，下一个十年有希望出现更多令人振奋的事情。但我们有理由认为，在宇宙常数上的分歧将很快得到解决。

万亿年后的宇宙图景

唐纳德·戈德史密斯（Donald Goldsmith）
可能是唯一一个曾经当过税务律师的天文学家，
他的律师生涯赚了不少钱，不过很短暂。1969
年，他在美国加利福尼亚大学伯克利分校获得
了天文学博士学位，并成了卡尔·萨根（Carl
Sagan）《宇宙》系列剧的顾问。他还是其他一
些节目的主要作者，例如和莉莉·汤姆林（Lily
Tomlin）一起合作的《新星》剧集《那儿有人
吗？》以及系列剧《天文学家》。

精彩速览

- 尽管星系和恒星大量形成的时期已经非常久远，但宇宙仍然很有活力。
- 未来，恒星会随着组成成分的变化，逐渐改变"容颜"；恒星和行星系统将分崩离析；现在极为罕见的天体到了未来将非常常见，比如致密的氦星。在某种程度上，未来的宇宙将比现在更适合生命生存。
- 科学家洞悉宇宙的未来不仅仅是因为兴趣，这些研究还可以帮助他们理解当前的一些理论或观测现象所蕴含的意义。

时间那不可阻挡的脚步，总能激起我们对宇宙遥远未来的思考。但思考的结果通常令人沮丧。50亿年后，太阳会膨胀成一颗红巨星，在缓慢变暗前会吞没内太阳系。但这仅仅是整个未来的一个瞬间的画面，实际上，这个瞬间无穷短。随着天文学家放眼未来，例如幽默作家道格拉斯·亚当斯（Douglas Adams）在《宇宙终点的餐馆》中所写到的 "5760 亿年"，他们会看到一个充满了无数正在暗去的天体的宇宙。到那时，空间的加速膨胀会把已经位于我们银河系之外的每一样东西都带到我们的视线之外，留下一个更加空荡的夜空。在 1816 年的长诗《黑暗》中，拜伦勋爵预见到了这一前景："明亮的太阳熄灭，而星星则在暗淡的永恒虚空中流离失所。"

但好消息是：黑暗的降临只是故事的一半。恒星形成这个宇宙现象，确实在很久之前就已过了它最光辉的时期，但宇宙并没死去。奇异的新物种将会进入天文学家的动物园。当前罕见的怪异现象（如果有的话）将会司空见惯。宇宙中适宜生命生存的环境，甚至会变得更多。

科学的"末世学"——对极遥远未来的研究——在宇宙学和物理学中具有卓越的历史。这类研究不仅让人着迷，也为检验新理论提供了一个概念上的平台，让一些抽象理论变得更为具体。当宇宙学家描述空间形状对宇宙命运的影响时，这个宇宙学上最为抽象的概念也许会更容易理解一些。试图调和关于基本粒子与作用力的不同理论的物理学家预言，只有在数万亿年甚至更久之后，诸如质子衰变和黑洞蒸发的现象才会发生。

越来越多的天体物理学家在有关恒星和星系演化的模型中，引入了极为遥远的未来。过去10年里，他们试图再现自大爆炸以来，恒星和星系的形成及其成分变化的方式。随着科学家对过去认识的不断加深，他们可以推测出在遥远的未来，宇宙会发生什么。

宇宙的历史

从黎明到黄昏

经历了诞生时的飞快演化后，现在成熟的宇宙演化得很慢。在接下去的1000亿年左右（约为宇宙目前年龄的10倍），恒星会继续形成，这为过程缓慢的宇宙现象的发生提供了充裕的时间。

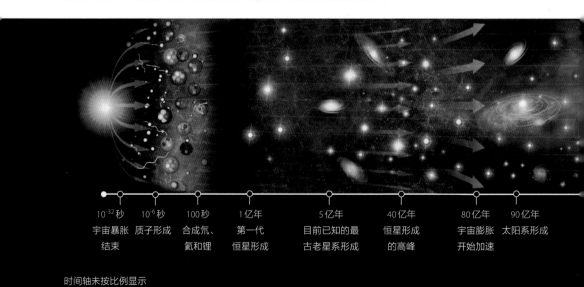

10^{-32}秒	10^{-6}秒	100秒	1亿年	5亿年	40亿年	80亿年	90亿年
宇宙暴胀结束	质子形成	合成氘、氦和锂	第一代恒星形成	目前已知的最古老星系形成	恒星形成的高峰	宇宙膨胀开始加速	太阳系形成

时间轴未按比例显示

恒星的未来

　　美国加利福尼亚大学圣克鲁斯分校的恒星形成专家格雷格·劳克林（Greg Laughlin）是研究上述问题的先驱。在读研究生时，他就编写了一个计算机程序，来计算极低质量恒星的演化，但他忘记了在达到宇宙目前的年龄之后，让程序停止运行。就这样，这个程序不停地运行，得出了对未来数万亿年的预言——尽管这个预言存在很多错误，但足以让他迷上这个研究课题。

　　为了了解恒星的未来，需要知道它们是如何形成的。恒星诞生在气体和尘埃云中，这些星云的质量从几十万到数百万个太阳质量不等。这些遍布在银河系中的"恒星育婴室"已诞生了几千亿颗恒星，最终还会形成数百亿颗。

　　然而，这些业已"出生"的恒星透支了未来：新一代恒星的原始物质即将耗尽。就算大质量恒星以超新星爆发死亡的形式，向星际空间返还一些物质；就算星系还可以从星系际空间吸积新鲜气体，这些新的物质仍无法重新补足被恒星锁住的物质。目前，银河系中星际气体的总质量只有恒星的1/10左右。

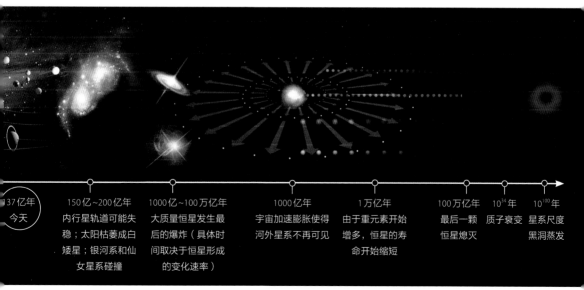

| 137亿年
今天 | 150亿~200亿年
内行星轨道可能失稳；太阳枯萎成白矮星；银河系和仙女星系碰撞 | 1000亿~100万亿年
大质量恒星发生最后的爆炸（具体时间取决于恒星形成的变化速率） | 1000亿年
宇宙加速膨胀使得河外星系不再可见 | 1万亿年
由于重元素开始增多，恒星的寿命开始缩短 | 100万亿年
最后一颗恒星熄灭 | 10^{34}年
质子衰变 | 10^{100}年
星系尺度黑洞蒸发 |

今天，银河系中恒星的形成速率接近每年1个太阳质量，但在80亿~100亿年前的鼎盛时期，这一速率至少是目前的10倍。劳克林估计，时间尺度每向前延伸10倍，恒星形成速率就会降低到原来的1/10。因此在1000亿年后，恒星形成速率会降低到目前的1/10，而在1万亿年后，这一速率则会降低到目前的1/100。

不过，剧烈的变化可能会打乱恒星形成速率不断降低的稳定进程。例如在不久后（几十亿年后），我们所在的银河系必然会面对汹涌而来的仙女星系，它是距离我们最近的巨型旋涡星系。

这两个星系的致密核心区要么会发生碰撞，要么会绕着它们的公共质心转动。这一相互作用会形成"银河仙女星系"。通过搅拌星际气体和尘埃，银河仙女星系会暂时激活恒星形成过程，引发天文学家称之为的"星暴"。一旦这一生长势头过去，这个并合后的系统就会极为类似一个椭圆星系，即一个恒星形成所需物质稀少、恒星形成速率很低的成熟系统。

除了形成数量会减少之外，未来的恒星会显示出它们对原始物质的改变作用。大爆炸的高温熔炉锻造出了氢、氦和锂，而所有更重的元素都是由恒星创造的，尤其是在它们的生命晚期，要么是随着年龄增大会抛射外层物质的红巨星，要么是超新星爆发。红巨星提供了绝大部分较轻且丰度较高的重元素，例如碳、氮和氧，而超新星所能产生的元素则更多，包括铀等。

所有这些元素都会混入星际气体已有的元素里，使得下几代的恒星在诞生时就拥有了更多的物质。太阳，这颗年龄为50亿年的、相对年轻的恒星，所拥有的重元素数量是100亿年前形成的恒星的100倍。事实上，一些最老的恒星几乎不含有任何重元素。而未来的恒星甚至会含有更多的重元素，这会改变它们内部的运转方式和外观。

生命的新居

在新生恒星中，重元素的稳步增加会导致两个显著效应。第一，这会增大恒星外层的不透明度。氢和氦几乎都是透明的，但即便是为数不多的重元素也会吸收辐射，降低恒星的光度。恒星内部的力平衡随之就会偏移，因为较低的光度意味着恒星会以更低的速率来消耗核燃料。

如果只有这一效应在起作用，那么一颗富含重元素的恒星会比一颗相同质量但缺少这些重元素的恒星活得更久。然而，第二个效应会抵消这种作用，重元素是核聚变的负担，原因是它们不参与核聚变，在特定质量的恒星中，重元素的存在会阻碍恒星获得核燃料，进而缩短恒星的寿命。

劳克林和他的同事、美国密歇根大学的弗雷德·亚当斯（Fred Adams）在1997年最先对这两个效应进行了研究。他们发现，第一个效应会在未来的数万亿年内起主导作用，在新生恒星中，由于重元素增多，恒星的不透明度升高，进而寿命延长。然而，重元素最终会成为恒星的重要成分，占据相当的比例，然后开始缩短恒星的寿命。这两个效应的交叉点，就是新生恒星中重元素的比例达到目前值的4倍的时候。

重元素还有利于行星与恒星一起形成，从而为生命的出现提供了不错的前景。天文学家已经测量了一些恒星的元素丰度，这些恒星周围有700多颗太阳系外类木行星。他们的结果显示，拥有较多重元素的恒星更有可能拥有一颗或多颗气体巨行星。"这一现象说明，行星的形成和重元素数量之间存在明确的相关性，"美国加州理工学院的行星搜寻专家约翰·约翰逊（John Johnson）说，"因为星际介质中重元素不断增多，行星出现的概率就可能上升。"

那类地行星又会怎样？虽然空间望远镜才刚开始提供有关类地行星的这类数据，但它们的形成应该也和宿主恒星的重元素丰度相关。这一相关性甚至会更强，因为类地行星几乎全由较重的元素构成。简言之，遥远未来的宇宙应该会充满了行星。尽管恒星的形成速率会变小，但到目前为止，可能还有一半或者2/3的行星还未诞生。

最开始，行星的增多似乎对生命并没有太大的意义。在极遥远的未来，绝大多数恒星都比太阳小得多，也暗得多。幸运的是，即便是一颗低质量、暗弱的恒星，也能衍生生命。光度仅有太阳1/1000的恒星，就可以使距离其很近的行星具有合适的温度（维持液体存在所需的温度），满足生命存在所需的可能条件。

行星不应该只是变得更为普遍，还会含有更多生命所需的物质。除了液态水，地球上的生命以及科学家猜想的几乎所有生命形式，还会依赖碳、氮和氧。随着时间推移，这些元素相对丰度的提高应该会形成更多适宜生命存在的行星。因此，随着恒星形成逐步减缓，每一颗新生的恒星拥有一颗或多颗可承载生命的行星的概率应该会逐渐提高。一些新生恒星的质量可能很小，光度可能很低，这使得它们可以持续燃烧数千亿或者数万亿年（这并不是说如此长寿的恒星才是生命的起源与演化所必需的条件）。然而，无论今天的宇宙是充满了生命还是鲜有生命，未来它应该都会拥有更丰富和更多样的生命形式。

当行星碰撞时

行星系统的寿命是如此之长，于是新的效应就会显现出来。我们想当然地认为太阳系

恒星的演化

日渐温顺的宇宙

从原始亮度来看，宇宙的光辉岁月已经不在。但以更微妙的方式来看，它仍会在未来的几万亿年里保持活跃。对于在今天最普遍的红矮星来说，它们的生命周期还没开始，它们最终也许将演变成新奇的恒星类型。新一代恒星会包含有前几代恒星所产生的重元素，这会改变它们的外观和寿命。而行星则会变得更多。在巨大的时间跨度里，诸如恒星间直接碰撞这样罕见的过程也会变得司空见惯。

恒星间的竞赛

恒星的生命循环遵循一个简单的原则：长得越大，摔得越狠。大质量恒星拥有更多的燃料，却会不成比例地消耗，进而以爆炸收场。由于它们的寿命仅相当于宇宙时间上一眨眼的工夫，除非不断有大质量恒星形成，它们才能统治星系。宇宙的未来属于质量更小、寿命更长的恒星。

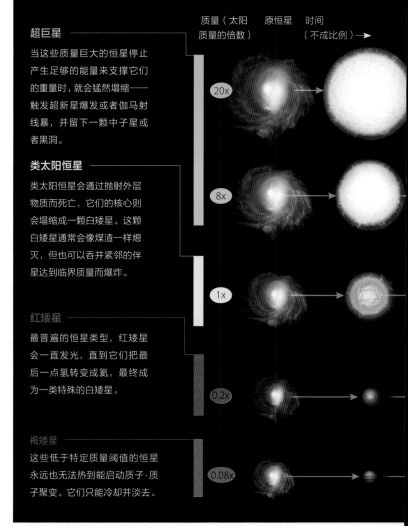

质量（太阳质量的倍数）　原恒星　时间（不成比例）

超巨星

当这些质量巨大的恒星停止产生足够的能量来支撑它们的重量时，就会猛然塌缩——触发超新星爆发或者伽马射线暴，并留下一颗中子星或者黑洞。

20x

类太阳恒星

类太阳恒星会通过抛射外层物质而死亡，它们的核心则会塌缩成一颗白矮星。这颗白矮星通常会像煤渣一样熄灭，但也可以吞并紧邻的伴星达到临界质量而爆炸。

8x

1x

红矮星

最普遍的恒星类型，红矮星会一直发光，直到它们把最后一点氢转变成氦，最终成为一类特殊的白矮星。

0.2x

褐矮星

这些低于特定质量阈值的恒星永远也无法热到能启动质子-质子聚变。它们只能冷却并淡去。

0.08x

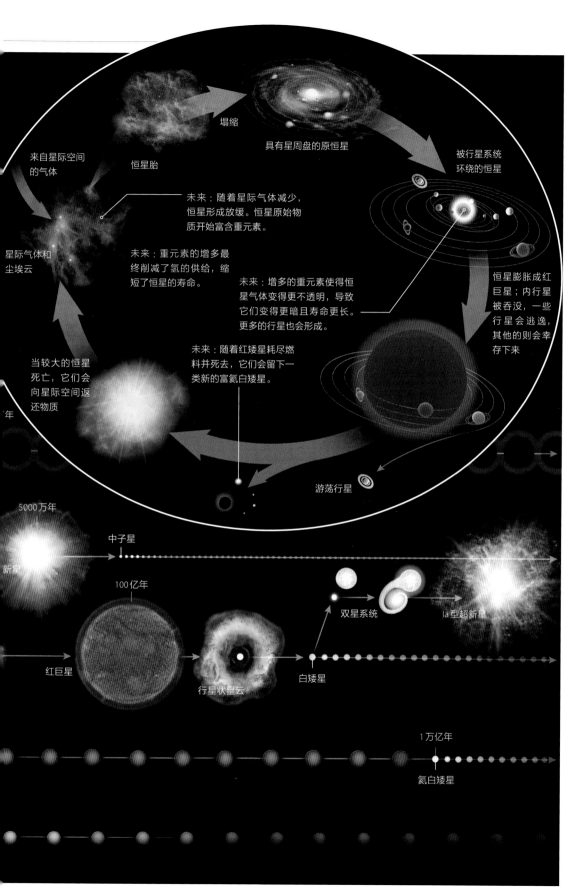

来自星际空间
的气体

恒星胎

塌缩

具有星周盘的原恒星

被行星系统
环绕的恒星

未来：随着星际气体减少，
恒星形成放缓。恒星原始物
质开始富含重元素。

未来：重元素的增多最
终削减了氢的供给，缩
短了恒星的寿命。

未来：增多的重元素使得恒
星气体变得更不透明，导致
它们变得更暗且寿命更长。
更多的行星也会形成。

未来：随着红矮星耗尽燃
料并死去，它们会留下一
类新的富氦白矮星。

星际气体和
尘埃云

当较大的恒星
死亡，它们会
向星际空间返
还物质

年

恒星膨胀成红
巨星；内行星
被吞没，一些
行星会逃逸，
其他的则会幸
存下来

游荡行星

5000万年

中子星

新星

100亿年

双星系统

Ia型超新星

红巨星

行星状星云

白矮星

1万亿年

氦白矮星

是稳定的；没有人担心地球的轨道很快会日渐混沌，使得我们和金星相撞。当我们探究几十亿年的时间尺度时，这种确定性就会消失。2009年，法国巴黎天文台的雅克·拉斯卡尔（Jacques Lasker）和米卡埃尔·加斯蒂诺（Mickael Gastineau）对太阳系4颗内行星的未来轨道做了数千次模拟，在每一次的模拟中，他们都会稍微改变这些行星的初始位置（相对上一次）——只有几米的偏离。结果发现，在未来的50亿年里，有大约1%的概率水星会猛烈撞上金星，为更可怕的、可能会牵涉地球的碰撞埋下了伏笔。在未来1万亿年间，这样的碰撞发生的可能性很高。

当仙女星系和银河系并合时，这个潜在的碰撞进程就会被打乱，因为它会重构这两个星系的引力场，使太阳系发生大规模重建。正如劳克林在评论拉斯卡尔和加斯蒂诺的结果时所说："我们现在要弄清楚的是，可以如此轻易影响到太阳系的动力学混沌（发生在确定性系统中的貌似随机的不规则运动），能在多大程度上掌控银河系中的行星。"

在一颗恒星的行星系统中，轨道混沌也会发生在大得多的尺度上。在紧密结合的双星、三合星以及成员更多的聚星系统中，恒星会在相互引力的作用下绕着每个系统的质心运动。对于星团乃至整个星系而言也是如此。在所有这些结构中，恒星几乎永远都不会相撞，虽然在天文学上它们若比邻，但空间的巨大膨胀会让它们相隔天涯。

然而，在长时间下，"几乎永远都不"会演变成"有时"，最终变成"几乎总是"。每个双星系统最终会在外部引力的作用下瓦解，或由于引力辐射带走系统的能量而逐渐靠拢、并合。如果两颗恒星相距较远，双星系统会面对前一种情况；相反，则会遭遇后者。

当两颗恒星并合的时候，它们暂时会形成一颗质量更大也更亮的恒星。即便是一颗木星这样大的行星也会造成类似的效应，不过是在较小的尺度上。设想一颗质量只有太阳1/10、寿命接近1万亿年的中等恒星，并假设它有一颗类木行星。如果这颗行星的轨道运行周期不止几天，那它最终可能会被甩出这个系统。

反过来，如果它在更靠近该恒星的轨道上，最后就有可能会和恒星并合，为恒星提供新鲜的氢补给，在短时间内猛烈地提高该恒星的能量输出，产生类似超新星的爆发。未来，这样的恒星爆发会不时打断恒星数量和亮度缓慢下降的趋势。就算是1万亿年之后的天文学家也会观测到，在他们的星系里，数目不断减少的恒星中会有一些奇怪的事件发生。

恒星的宿命

在数百亿或数千亿年后，甚至当恒星形成都成了"涓涓细流"，仍会有大量恒星继续发光。宇宙中绝大多数恒星都有低质量和极长的预期寿命。恒星的寿命和它们的质量成显著的反比，大质量恒星十分明亮，它们会快速燃烧，在几百万年后爆炸；质量远小于太阳的恒星则可以持续存活数千亿年甚至更长。这些恒星会非常缓慢地消耗自身的燃料，以至于在极为漫长的时间跨度里，即便物质有限，也能为核燃烧提供原料。

不同质量的恒星会以不同的方式死去。太阳会变成一颗红巨星，随着外层物质全部消散，进入星际空间，它的核心会成为一颗白矮星——一个几乎全部由碳原子核和电子组成的、地球大小的致密恒星遗迹。但在质量不足太阳一半的恒星中，它们的核心温度永远也无法触发那种能使恒星进入红巨星阶段的核聚变反应。

天文学家认为，这些恒星最终会演化成氦白矮星。正如其名，这种恒星几乎全部由氦组成，只有少量的氢和微量的其他元素。在今天的宇宙中，在两颗距离很近的双星剥离掉彼此的外层物质，且其氦核被点燃之前，偶尔也会形成氦白矮星。但天文学家还未曾发现通过恒星演化的正常过程而形成的任何氦白矮星，因为自大爆炸以来，还没有足够的时间来完成这样的过程。也许要在很多年后，我们的后代能看见那些孤立的氦白矮星。

质量更大的恒星则会经历更为剧烈的死亡。大质量恒星的核心会塌缩成一颗中子星或黑洞，该过程产生的激波会使恒星的外层以超新星的形式爆炸。随着大质量恒星的消失，今天不断出现在宇宙中的这些爆炸也会销声匿迹。不过，另一种超新星仍会偶尔点亮天空。

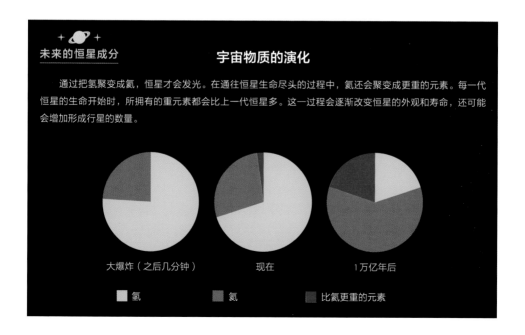

＋ ✦ ＋
未来的恒星成分　　　　　　　**宇宙物质的演化**

通过把氢聚变成氦，恒星才会发光。在通往恒星生命尽头的过程中，氦还会聚变成更重的元素。每一代恒星的生命开始时，所拥有的重元素都会比上一代恒星多。这一过程会逐渐改变恒星的外观和寿命，还可能会增加形成行星的数量。

大爆炸（之后几分钟）　　　　现在　　　　1万亿年后

■ 氢　　　■ 氦　　　■ 比氦更重的元素

被称为Ia型超新星的这类爆发，产生于有一颗子星是白矮星的双星系统。按照最受天文学家青睐的模型，来自伴星的、富含氢的物质会在这颗白矮星的表面累积，直到突然的核聚变产生超新星。在未来的1000亿年里，只要存在质量足够大的伴星，这样的事件就会发生。

在另一个超新星模型中，两颗白矮星会极为靠近地绕着它们的公共质心旋转。在此过程中，它们的轨道运动会导致该双星系统发射出引力波。这一辐射会带走系统的能量，使白矮星的轨道发生收缩。这两颗白矮星彼此接近的速度会越来越快，直到死亡的旋涡让它们并合，而引发短暂的爆发。这些事件可能还会在此后数万亿年里继续发生。

比超新星爆发更为明亮的是伽马射线暴。这些剧烈的爆炸可以分为两大类，它们也源自两种完全不同的情况。爆发持续时间在2s以上的长时间伽马射线暴，可能是大质量恒星的核心塌缩成中子星时产生的；持续时间不足2s的短时间伽马射线暴，则被认为源自一颗中子星和另一颗中子星或黑洞的并合。随着大质量恒星停止形成，在未来的十亿年里，长时间的伽马射线暴会变得极其罕见，但短时间的伽马射线暴可能仍会在未来的数万亿年里打破天空的宁静。

万亿年后

当我们用万亿年而不是十亿年来度量宇宙时间时，我们会进入一个恒星形成即将终止的时期。除了质量最小的恒星之外，所有的恒星都将燃烧殆尽，或以爆炸、凋零成白矮星的方式结束它们的生命。如果不考虑谜一样的暗物质，我们的银河系以及宇宙中其他所有的星系，此时都将以黑洞、中子星、白矮星和极端暗弱的红矮星为主。红矮星非常暗弱，即便位于目前距离太阳最近的恒星处，不使用望远镜也无法看到它们。

然而，在这些已经死亡或者正在暗去的天体中，大自然仍会偶尔产生一次猛烈的爆发，也算是对曾经照亮天空的数十亿颗恒星的短暂回忆。如果幸存下来的恒星附近拥有行星（我们可以预期它们中的绝大多数会有），那么液态水和不同的生命形式可能就会出现，并在上面存活。如果能躲开近距离超新星或者伽马射线暴的侵袭，任何能在这些行星上起源的生命，都有可能会延续至我们无法想象的时期。

对极遥远未来的这一研究留下了一个重大且不确定的议题。高度先进的文明，如果它们存在并能持续下去的话，是否能改变宇宙的历史进程？ 30多年前，美国普林斯顿高等研究院的弗里曼·戴森（Freeman Dyson）对此进行了思考。作为这类宇宙猜想的主要提出者，他说："我认为我已经证明，有充足的科学原因能让我们认真地审视如下的可能性，即生命和智慧可以成功地按照自己的意图来塑造这个宇宙。"

在我们目前所处的时代，即在大爆炸之后不到 140 亿年时，还没有证据表明生物能在大尺度上影响宇宙。但是，时间的列车才刚刚出发。未来，生命的存在将会占用更多的宇宙资源，整个宇宙都会成为我们的花园。

在宇宙时间的尺度上，我们的存在时间或许连瞬间都算不上，几乎不可能确切地知道，未来的宇宙到底会发生什么。但我们的思想是自由的，可以奔向我们所能想象的任何时间段。

横贯空间的星系流勾勒出了拉尼亚凯亚超星系团的轮廓，
它包含了我们的银河系以及其他10万个大星系。

拉尼亚凯亚：4亿光年的宇宙家园

诺姆·I.里伯斯金（Noam I.Libeskind）

德国莱布尼茨天体物理研究所的宇宙学家。他使用超级计算机模拟宇宙演化和星系形成，专注于银河系、本星系群和环绕我们的矮星系研究。你可以通过@satellitegalaxy关注他的天体物理推特。

R.布伦特·塔利（R.Brent Tully）

夏威夷大学的天文学家，他在过去的40年里一直致力于测量星系的距离和绘制它们在空间中的分布和运动。他在1987年与J.理查德·费希尔（J.Richard Fisher）共同发表的近邻星系地图仍旧是对我们宇宙近邻结构分布的最大规模测绘。塔利对自己找路不需要利用GPS一直感到很自豪。

—— 你在这里

精彩速览

- 正如同恒星聚集成星团和星系，星系自身也聚集成星系团，而星系团组成了超星系团。
- 这些超星系团是大尺度纤维状结构、墙状结构和空洞的基石，它们共同组成了宇宙中目前可测量的最大结构。
- 对数千邻近星系的运动学研究表明，银河系所在的超星系团结构远比之前所认为的更大。天文学家称呼这一新发现的超大超星系团为"拉尼亚凯亚"（Laniakea）。
- 对拉尼亚凯亚和它附近超星系团的更具体测绘将会揭示星系形成的新细节，并帮助研究人员解决宇宙学中暗物质和暗能量的双重疑难。

想象一下访问一个遥远的星系，然后在寄给家人的明信片上填写收件地址。你可能先写下房子所在的街道和城市，然后是所在的行星——太阳的第三颗行星地球。接下来，地址中可以列上太阳的位置在银河系的猎户臂上，这是星系边缘的一段旋臂。紧接着是银河系在本星系群（包含超过50个近邻星系，覆盖了大约700万光年空间范围）中的位置。相应地，本星系群也位于室女星系团的外围，而中心距离地球5000万光年的室女星系团拥有超过1000个星系，也只是本超星系团的一小部分。横跨超过1亿光年的本超星系团由数百个星系群组成，这样的超星系团一直被认为是宇宙大尺度结构最大的组成部分，构成了巨大的纤维状和墙状星系结构，共同围绕在几乎没有任何星系存在的空洞周围。

图片由NASA、ESA和哈勃遗产团队（STScI/AURA）提供直到不久前，本超星系团可能就是你的宇宙地址的结尾了。天文学家认为，在这个尺度以上再做说明就毫无意义了。因为在更大的尺度上，由超星系团交织成的界限分明的墙状结构与空洞就会让位于没有可分辨特征的均匀宇宙。但是，2014年由本文作者塔利所领导的团队发现，我们是一个极为庞大的结构的一部分，其巨大程度彻底颠覆了之前的观点。

事实证明，本超星系团也只是一个更加巨大的超星系团的一叶，那个超星系团包含了10万个大星系，横跨4亿多光年。发现这一庞大超星系团的团队把它命名为"拉尼亚凯亚"——在夏威夷语里是"无尽的天堂"的意思，这是向早期利用恒星定位、在太平洋中航行的波利尼西亚人致敬。银河系的位置远离拉尼亚凯亚的中心，在它的最边缘地带。

拉尼亚凯亚远不止是我们宇宙地址中新的一行。通过研究这个庞大结构的构造和动力学，我们可以更多地了解宇宙的过去和未来。绘制成员星系的分布以及它们的运动模式可以帮助我们更好地理解星系是如何形成和增长的，同时可以帮助我们更多地了解暗物质的本质，天文学家认为，宇宙80%的物质都是这种不可见的成分构成的。

拉尼亚凯亚也能够帮助我们解开暗能量之谜，这种在1998年发现的强大力量驱动着宇宙加速膨胀，并因此会决定宇宙的最终命运。而超星系团也可能不是我们宇宙地址的最后一行，事实上，它还可能是尚未被发现的更大结构的一部分。

星系的流动

发现拉尼亚凯亚并非该团队本来的目的。他们是在努力解答关于宇宙本质的一些长期悬而未决的基本问题时，碰巧得到了这一发现。

近一个世纪之前，科学家就知道宇宙在膨胀，从而拉动星系远离彼此，正如膨胀气球表面的圆点互相分开一样。然而在最近十几年他们又认识到，如果星系只受宇宙膨胀影响的话，大多数星系相互远离的速度都应该比实际观测结果更快。还有一个较为局域性的力量也在发挥作用，即来自周围其他物质聚集体的引力拖曳能够抵消星系随宇宙膨胀的运动。星系实际的运动速度是源于宇宙膨胀的星系运动和源于星系局域环境的运动的总和，而后者被称为本动速度。

把我们能看到的所有星系里的恒星、所有的气体和其他我们知道的普通物质都加到一起，产生的引力还是不足以解释星系的本动速度，差了一个数量级。由于不了解，我们天文学家称呼这些缺少的部分为"暗物质"。我们相信，暗物质粒子和宇宙其他成分只通过引力相互作用，不会通过其他力（如电磁力）相互作用，并且暗物质补充了要解释观测到的星系速度所"缺少"的引力。科学家认为，星系位于暗物质池塘的深处，暗物质就像隐形的脚手架，星系围绕着它们不断聚集成长。

塔利团队和其他研究者意识到，创建星系流和本动速度的地图能够揭示暗物质在宇宙里的隐形分布，从而通过它们对星系运动的引力作用来发现这种神秘物质的最大集合体。如果星系的流动方向都指向一个特定的点，那我们就可以假设这些星系都受到一个高物质密度区域的引力作用，从而被拖向了这个点。

他们同样意识到，弄清楚宇宙中所有形式物质的密度和分布，有助于解决另一个更深奥的谜题：宇宙不仅在膨胀，而且这种膨胀还在不断加速。这种行为就像抛向空中的石头向天空直冲而去并不落回地面一样违背常理。驱动这种奇怪现象的力量被叫作"暗能量"，它对宇宙的未来有着深远的影响。加速膨胀意味着宇宙最终会经历一个冷却死亡过程——大部分的星系会以不断加快的速度远离彼此，直到每个星系中的每颗恒星都死去，所有物质都冷却到绝对零度，最终的黑暗就会降临宇宙。但想要明确知道宇宙最终的结局，不仅需要确定暗能量到底是什么，还需要知道宇宙中有多少物质：如果物质密度足够高，在物质的自引力作用下，我们的宇宙在遥远的未来就能够把膨胀反转为塌缩；或者，宇宙物质密度恰好在一个平衡点上，就能够实现一个不断减缓但是无限持续的膨胀过程。

星系团，如本图的后发星系团，是宇宙中最大结构的基石。位于3亿多光年之外的后发星系团拥有大约1000个大星系，但它只是一个更大结构的一部分。这个结构叫作后发超星系团，位于拉尼亚凯亚的边界外。

为了测量宇宙普通物质和暗物质密度，塔利团队开始绘制星系流，这最终引领他们发现了拉尼亚凯亚。

发现拉尼亚凯亚

描绘星系流需要同时知道星系源于宇宙膨胀的运动和源于附近物质引力的运动。作为第一步，天文学家测量了星系的红移。红移指的是星系随着宇宙膨胀退行时，它所发出的光的波长也被拉长。汽笛朝我们运动时比远离我们时声调更高，因为它所发出的声波频率被压缩到了更高的频率和更短的波长。同样地，远离我们的星系所发出的光波也会偏移到更低的频率和更长、更红的波长，它们退行得越快，红移也越大。因此，天文学家可以利用一个星系的红移测量其整体运动速度，并粗略地估计它的距离。

天文学家可以通过除了红移外的其他手段测量星系的距离，从而推测出星系的速度有多少是来自于局域的引力拖曳作用。例如，基于对宇宙膨胀率的精密估计，一个325万光年外的星系的速度应该是大约70km/s。如果从星系红移得到的速度是60km/s，天文学家就可以反过来推测出这个星系周围的物质集合体给予它10km/s的本动速度。与红移无关的距离测量方法大多数依赖于光的强度与距离平方成反比的定律。也就是说，如果你看到两个相同的灯塔，并且其中一个的亮度只有另一个的1/4，那么你就知道较暗灯塔的距离是另一个的2倍。

在天文学里，这样相同的灯塔被称为标准烛光，是指无论在宇宙何处发光强度总是相同的天体。这样的例子包括某些特定类型的爆炸恒星或者脉动恒星，甚至也包括塔利和J.理查德·费希尔（J.Richard Fisher）在1977年首先提出的大质量星系。他们提出的塔利–费希尔关系利用了这样的一个事实：大质量星系比小质量星系光度更高且旋转更快，大质量星系拥有更多的恒星，而且因为引力场更强，它们也必须旋转得更快才能保持稳定。测量星系的旋转速度，就知道了它的本征光度，再与它的视亮度相比，就知道了它的距离。

每种标准烛光都有不同的最佳工作范围。类似造父变星这样的脉动恒星只有所在星系离银河系很近时才能被很好地观测到，所以它们不适用于大尺度的距离测量。塔利–费希尔关系能够用于许多旋涡星系，但是估算出的距离误差最高达20%左右。类似Ia型超新星这样的爆炸恒星测量出的距离误差要小一半左右，同时在很大的宇宙距离内都可以被观测到，但是它们很稀少，在正常大小的星系内大约一个世纪只有一例。

如果可以获得大量星系的本动速度数据，天文学家就可以绘制大尺度上的星系流。在这种庞大尺度上，星系的流动可以类比于在"宇宙分水岭"之间蜿蜒流过的河水，只是决定它们运动的不是地形，而是附近结构的引力。

在这些"宇宙地形图"上，星系像水流一样流动、在漩涡里盘旋、在池塘里聚集，这些运动间接揭示了宇宙中最大物质聚集体的结构、动力学、起源和未来。

为了在足够大的尺度上绘制星流，从而回答关于暗物质和暗能量的问题，我们需要搜集整理大量观测项目所能得到的最佳数据。

在2008年，塔利与里昂大学的埃莱娜·M.库尔图瓦（Hélène M.Courtois）以及他们的同事发布了Cosmicflows目录，他们通过整理多个数据源得到了距银河系1.3亿光年范围内1800个星系的详细动力学信息。该团队在2013年更进一步，发布了Cosmicflows-2目录，记录了6.5亿光年范围内的8000个星系的运动。团队中的一员，来自耶路撒冷希伯来大学的耶胡达·霍夫曼（Yehuda Hoffman），开发了根据Cosmicflows的本动速度数据来精确得到暗物质分布的方法。

随着目录的扩大，我们惊讶地发现，海量的数据中隐藏着一个出人意料的模式：一个崭新的、未曾看到过的宇宙结构的轮廓。在超过4亿光年的范围内，所有星系团都在一个局域的"吸引槽"内一起运动，就像水流在地势的最低点积蓄一样。如果不是宇宙的不停膨胀，这些星系就会最终聚集成一个致密的引力束缚结构。这一大群星系共同组成了拉尼亚凯亚超星系团。

到目前为止，对拉尼亚凯亚中星系运动的研究显示，它们的行为与主流暗物质分布模型的预言完全一致（尽管看不到暗物质，但我们能以较高的精度预测宇宙中这些不可见的物质积累在何处）。此外，不论好坏，拉尼亚凯亚中可见物质和暗物质的总密度表明，宇宙将永远加速膨胀下去并最终迎来冰冷的死亡，正如研究暗能量的天体物理学家所设想的那样。

这个结论仍然是暂时性的，测绘星流的繁重任务仍有很长的路要走。目前，在4亿光年内只有20%的星系的本动速度已被测量出来，而且许多标准烛光的距离测量仍然有很大的误差。尽管如此，这个逐渐浮现的星系地图让我们对自己在宇宙盆地和山脉中的栖息地有了新的认知。

我们身处的宇宙环境

让我们游览一下我们新发现的家园拉尼亚凯亚中正在流动和奔涌的部分，从最熟悉的部分——你开始。不论你在读这篇文章时在地球上运动得是快是慢，你都在随着我们星球的其他部分一起以大约30km/s的速度环绕太阳转动。太阳自身也在以大约200km/s的速度围绕银河系中心转动，而包括银河系在内的整个本星系群正以超过600km/s的速度向着半

宇宙风景

尽管星系包含了数以千亿计的恒星，但它们并不是宇宙中最大的结构。通过引力的相互束缚，数百个星系可以组成一个星系团。引力也可以把星系团集中在一起形成包含数十万个星系的超星系团。在这种等级结构下，我们太阳系的宇宙地址传统上可以写为：银河系、室女星系团，以及最终的本超星系团。然而现在最新的研究表明，我们的本超星系团实际上只是另一个比它还要大100倍的超星系团的一部分。这个更大的超星系团就是拉尼亚凯亚。

绘制拉尼亚凯亚超星系团

整体来考虑的话，星系的位置和运动或是随宇宙膨胀而发散的，或是受到引力作用而聚拢的。在引力的聚拢作用开始严重阻碍宇宙膨胀导致的发散运动的位置，可以画下超星系团的边界。我们在这里绘出了超过8000个星系的位置，并且用颜色来表示它们的相对运动（同时考虑了聚拢和发散运动时的速度和轨迹）。暖色调（黄色和粉色）的轮廓线代表星系团快速地聚拢到一起。拉尼亚凯亚的轮廓线用的是冷色调的蓝色，勾画出了星系团聚拢最慢的位置。拉尼亚凯亚横跨将近5亿光年，在这范围内的星系团如果没有宇宙膨胀的影响的话，将会聚集成单个引力束缚结构。在拉尼亚凯亚边界之外我们可以看到沙普利、武仙、英仙-双鱼超星系团以及其他邻近的超星系团。

随星系一起流动

进一步放大拉尼亚凯亚的细节，我们可以对暗物质的分布和星系演化的过程有新的了解。例如，对拉尼亚凯亚做一个包含银河系和一些本星系群星系的三维切片（详情见下图）。箭头标示了星系的运动方向，它们像水一样流往高物质密度和强引力的区域（以暖色调表示），从而远离低密度区（冷色调）。星系的整体运动揭示了宇宙中的物质（普通物质或者是暗物质）的聚集点。里伯斯金所测量的星系流动表明，本星系群沿着一个5000万光年长的暗物质纤维结构朝室女星系团（黄色，包含挤在1300万光年范围内的超过1000个星系）掉落。这样的纤维结构被认为在星系的形成和演化中起到了重要作用。

拉尼亚凯亚超星系团 ⟶

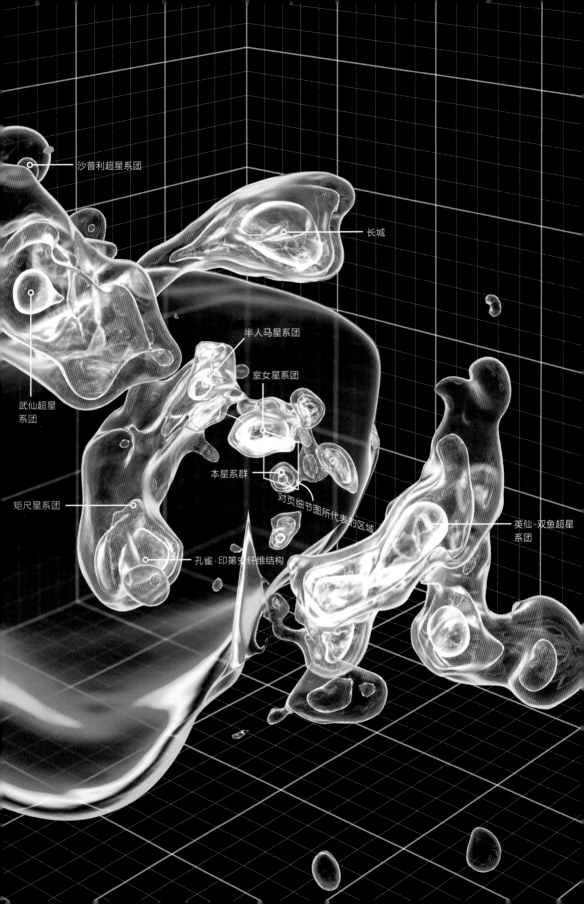

沙普利超星系团

长城

半人马星系团

室女星系团

武仙超星
系团

本星系群

对页细节图所代表的区域

矩尺星系团

英仙-双鱼超星
系团

孔雀-印第安纤维结构

人马座方向的一个神秘质量聚集中心疾驰。你或许从未想过,当你只是简单地阅读一本杂志或什么都没做时,居然可以运动得如此之快。

跳出银河系的范围,我们在拉尼亚凯亚广阔区域内的旅行从两个矮星系开始——距离我们"仅"有18万~22万光年远的大小麦哲伦云。你可以从地球南半球瞥见麦哲伦云,但是要获得最佳观测效果,你必须在冬天赶赴南极洲。另一个能用裸眼看到的星系是仙女星系,一个巨大的旋涡星系,它即使在非常暗的夜空里看起来也只是一个模糊的斑点。

仙女星系距离我们250万光年,以大概110km/s的本动速度朝我们疾驰而来。在约40亿年之后,它就会与银河系迎面撞到一起,两个星系并合成一个由老年红色恒星组成、没什么特征的椭圆形球体。在这场宇宙车祸中,我们的太阳系不太可能会受到影响——恒星间的距离是如此之大,没有哪两个恒星能贴近到足以发生碰撞。银河系、仙女星系以及48个其他星系都是本星系群的成员,而这片区域正在经历塌缩,因为它的引力已经战胜了宇宙膨胀。

在本星系群之外,大约2500万光年的范围内,在我们的地图中出现了三个显著的地标。包括我们的银河系在内,这里的大部分星系都身处一个名字起得毫无想象力的系统里——本星系墙(Local Sheet)。顾名思义,它很薄,里面的多数星系都分布在厚度为300万光年的结构内,它的赤道面被称作超星系坐标系统。赤道面下面有一段空隙,再下面是一条星系纤维状结构——狮子支(Leo Spur),还有唧筒和剑鱼云(Antlia and Doradus Clouds)里的星系。而赤道面的上方几乎什么都没有。这片空旷区域是本空洞(Local Void)的地盘。

如果只考虑本星系墙内的星系,情况看起来显得非常平静。这些星系以宇宙膨胀的速度互相分开,局域相互作用引起的本动速度很小。在本星系墙的下面,唧筒和剑鱼云,还有狮子支中的星系的本动速度也很小。但是它们却在朝本星系墙高速运动。本空洞很可能是导致这个现象的罪魁祸首。本空洞像充气的气球一样扩张,导致物质从低密度区往高密度区移动,从而堆积在本空洞的边界上。按我们现在的理解,本星系墙是本空洞的一面墙,这个空洞正在一步步地膨胀从而把我们推往唧筒和剑鱼云,还有狮子支的方向。

把镜头进一步拉远,我们会邂逅室女星系团,它的星系数目是本星系群的300倍,但都挤在直径1300万光年的范围内。这些星系以700km/s的典型速度在星系团内快速穿行,距离星系团外缘2500万光年内的任何星系都会在100亿年内掉落进去成为它的一部分。室女星系团完整的统治范围,也就是最终会被它俘获的星系所在的区域,目前半径达到了3500万光年。有趣的是,我们的银河系与它之间的距离是5000万光年,刚好位于这个俘获区域的外面。

庞大星系流

室女星系团周围更大的区域，把我们所在的位置也囊括进去，被称作本超星系团。几乎在30年前，被戏称为"七武士"的一群天文学家发现，不仅银河系在以几百千米每秒的速度朝半人马座运动，整个本超星系团也都在做同样的运动。他们把拖曳这些星系运动的神秘质量称为巨引源。从许多方面来说，巨引源并不神秘，因为宇宙那个方向的物质密度明显很高，因为以它为中心的1亿光年范围内包含了7个和室女星系团差不多的星系团，其中最大的3个星系团是矩尺星系团、半人马星系团和长蛇星系团。

根据我们把超星系团作为宇宙分水岭的构想，它们的边界是根据星系的发散运动而画出来的，这么说来，所谓的本超星系团名不副实。它只是一个更大结构的一部分，也就是拉尼亚凯亚超星系团，后者还包括了其他的大尺度结构，例如孔雀–印第安纤维结构和蛇夫星系团。把拉尼亚凯亚想象成一个城市，我们交通拥挤的市中心就是巨引源区域。正如大部分都市核心一样，我们很难确定一个精准的中心，它的大概位置是在矩尺星系团和半人马星系团之间的某处。根据这样的定位，我们的银河系就被放到了远郊，接近拉尼亚凯亚与毗邻的英仙–双鱼超星系团的交界处。这条边境线在宇宙尺度下相对很近，因此我们可以通过对它的仔细研究来界定拉尼亚凯亚直径约5亿光年的近圆边界。总体来说，拉尼亚凯亚的边界内正常物质和暗物质的总质量相当于大约10亿亿个太阳。

天文学家在过去的几十年里也瞥见了一些可能位于拉尼亚凯亚之外的结构的轮廓。在"七武士"发现巨引源之后，天文学家很快就发现了一些更大的结构。就在巨引源的背后，大约3倍远的地方，是一个巨大的星系团聚集体，这是局域宇宙中目前所知最密集的结构。因为天文学家哈罗·沙普利（Harlow Shapley）在20世纪30年代第一个发现了它存在的证据，这个遥远的巨大结构也被称为沙普利超星系团。巧合的是，就像本星系墙一样，室女星系团和本超星系团的主要部分，以及巨引源和沙普利超星系团都落在超星系赤道面上。想象一下一个由超星系团组成的庞大薄饼，你就会对我们的大尺度局域环境有个直观的印象。

那么，是什么让我们的本超星系团的本动速度达到了600km/s呢？在某种程度上，罪魁祸首是巨引源集合体。但是我们必须同时考虑到沙普利超星系团的引力拖曳，虽然它的距离是3倍远，但是它拥有4倍数量的富星系。现在，根据Cosmicflows-2（揭示了拉尼亚凯亚超星系团的那个星系目录），故事没那么简单。这个目录里的8000个星系的本动速度都表明它们在一致地朝向沙普利超星系团运动。这种流动在Cosmicflows-2目录覆盖的整个14亿光年的范围内都存在。它是否会在某处停下？我们还不知道。只有利用更大的巡天项目描绘出越来越大的宇宙区域，才能揭示出我们局域宇宙中星系整体壮观运动背后的最终根源以及最终的结构。

过去的一个世纪，

天文学家和宇宙学家取得了很多重要进展，

但仍没有谁敢说他已了解这个宇宙。

因为直到今天，宇宙仍有太多的谜团没有解开：

暗物质、多重宇宙、多维空间……

第三章 隐
SECRETS 秘

大冷斑：宇宙空洞

伊什特万·绍普迪（István Szapudi）
夏威夷大学天文所的天文学家，研究方向为宇宙学
和宇宙大尺度结构。

精彩速览

- 宇宙微波背景是弥漫于宇宙的古老辐射，天文学家在宇宙微波背景图上发现了一个奇异的"冷斑"，来自那里的宇宙微波背景光子温度明显低于平均温度。

- 对这个现象的一种解释是可能存在一个超级空洞，即在冷斑所处的天区有一个相对空旷的巨大区域。因为宇宙在加速膨胀，穿越超级空洞的光会通过所谓的积分萨克斯–沃尔夫（ISW）效应损失能量（变冷）。

- 天文学家最近发现了一个直径约18亿光年的超级空洞，它所处的位置与冷斑方向一致。但还需要更多数据来证明这个空洞是导致宇宙微波背景冷区出现的原因。

如想一窥宇宙中最古老的光，只需要调节老式电视机，让它偏离频道就行，屏幕上那些跳动闪烁的小雪花，就是电视天线被宇宙光子无休止地轰击的结果。这些光子诞生于大概138亿年前，即大爆炸之后不久。它们在空间中向着四面八方运动，分布非常均匀。这些平均温度为2.7K的光子构成了弥漫在整个宇宙中的辐射，被称为宇宙微波背景（CMB）。这些光子的年代极其久远，因此，人们所熟知的宇宙微波背景二维图往往被叫作宇宙的"婴儿照"，它为我们开启了一扇窗户，供我们追溯已演变成今日世界的宇宙的原初状态。

但是，宇宙的"婴儿照"有一些不完美的地方。像我这样的物理学家，一般会把这些瑕疵称为反常现象，因为它们无法用标准的宇宙学理论来解释。最为明显的一处反常是研究者在 2004 年发现的，在美国航空航天局（NASA）的威尔金森微波辐射各向异性探测器（WMAP）绘制的宇宙微波背景图上，有一块大概有 20 个满月排列起来那么宽的天区，来自这个天区的远古光子，温度低得不同寻常。科学家把这个区域命名为"冷斑"。冷斑并不是"婴儿照"的美人痣，对一些人来说，它是破坏了宇宙微波背景壮丽对称性的丑陋斑痕；但对另一些人而言，这反而凸显了宇宙的个性，更让人兴奋。我属于后者，我总是着迷于宇宙微波背景的反常现象和导致这些反常的原因。

冷斑之谜在科学家中间激发了很多讨论。一种解释是，它不过是个纯粹的偶然现象，没有什么特别的原因。但是，这样的偶然事件发生的概率是极低的，大概只有二百分之一。其他的可能解释五花八门，有些平淡无奇，将其归咎于测量仪器的偏差；有些则相当奇幻，认为冷斑是通向另一个宇宙或隐藏维度的门户。

2007 年，根据宇宙的一些已知性质进行适当的外推后，我和其他天体物理学家迸发了灵感。我们意识到，如果宇宙中存在一个超级空洞的话，即一片物质和星系相对而言都非常稀少的广大空间，那么同一片天区就应该会出现冷斑。这个空洞应该是宇宙空间中最空的区域，一个被物质相对稠密的周边环境所包围的、罕见的巨大荒漠。这个理论意味深长。如果这样的空洞的确存在，并如我们所推测的那样导致了冷斑的出现的话，那么由于某些复杂的原因，这个巨大的空洞也为暗能量的存在提供了证据，而暗能量正是理论上导致宇宙加速膨胀的元凶。现在，我和夏威夷大学的同事已经确认了空洞的存在，并逐渐找到了能够解释冷斑成因的诱人线索。

穿越空洞

科学家在考虑了光与较小空洞之间的相互作用机制后，推测超级空洞可能存在，并能产生冷斑。我们设想的超级空洞是一个极端的特例，但中等大小的普通空洞，就是包含星系数目相对较少的区域，在宇宙中是很常见的。与空洞概念相反的是星系团，是由数量可达上千的星系组成的联合体。宇宙学家认为，空洞和星系团的种子产生于极早期宇宙，那时随机量子过程会导致某些区域物质密度稍低，另一些区域物质密度稍高。高密度区域所含物质质量更大，产生的引力更强，随着时间的推移，会不断将低密度区域的物质吸引过来。高密度区域最终会演化成为星系团，而低密度区域则会变成空洞。

因为空洞中几乎没有物质，对穿越该区域的物体来说，它们像一座座山丘。当粒子进

建于毛伊岛上的全天巡天望远镜及快速反应系统（Pan-STARRS），它对天空的扫描让天文学家发现了一个物质相对稀少的巨大空间，即超级空洞，这有可能解释宇宙背景微波中的神秘冷斑。

入空洞，离开周边高密度区域时，因受高密度区域的强引力场的拖曳，粒子会逐渐慢下来，就像球滚上山丘；一旦粒子开始启程离开空洞，向周边的高密度区域运动，粒子就会开始加速，如同球滚下山丘。宇宙微波背景光子的行为与此类似，尽管速度不变（光速是恒定的），但光子的能量发生了变化，而光子能量与它们的温度成正比。当光子进入空洞时，它爬上了这座山丘，损失了能量，也就是说，它的温度变低了。而当光子从山丘的另一侧滚下去时，会重新获得损失的能量。因此，当光子到达空洞的另一边时，它的温度应该和开始进入空洞时一样——如果宇宙没有加速膨胀的话。

但在过去 20 年里，科学家发现宇宙不仅在膨胀，而且还是在加速膨胀。绝大部分宇

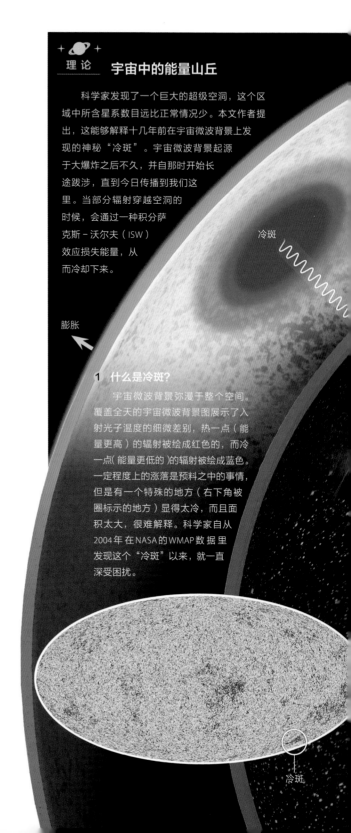

理 论　宇宙中的能量山丘

科学家发现了一个巨大的超级空洞，这个区域中所含星系数目远比正常情况少。本文作者提出，这能够解释十几年前在宇宙微波背景上发现的神秘"冷斑"。宇宙微波背景起源于大爆炸之后不久，并自那时开始长途跋涉，直到今日传播到我们这里。当部分辐射穿越空洞的时候，会通过一种积分萨克斯－沃尔夫（ISW）效应损失能量，从而冷却下来。

冷斑

膨胀

1　什么是冷斑？

宇宙微波背景弥漫于整个空间。覆盖全天的宇宙微波背景图展示了入射光子温度的细微差别，热一点（能量更高）的辐射被绘成红色的，而冷一点(能量更低的)的辐射被绘成蓝色。一定程度上的涨落是预料之中的事情，但是有一个特殊的地方（右下角被圈标示的地方）显得太冷，而且面积太大，很难解释。科学家自从2004年在NASA的WMAP数据里发现这个"冷斑"以来，就一直深受困扰。

冷斑

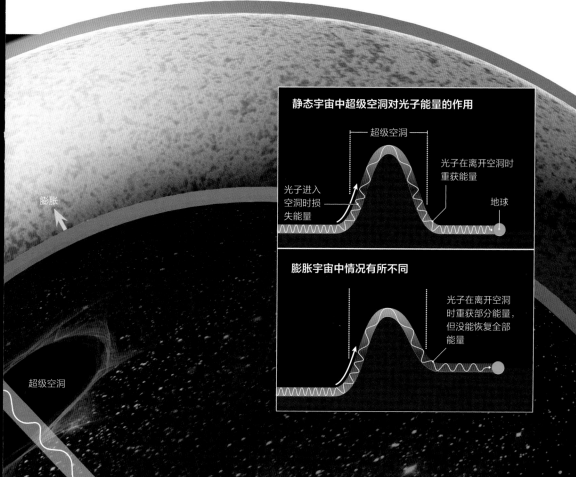

膨胀

超级空洞

静态宇宙中超级空洞对光子能量的作用

超级空洞

光子进入
空洞时损
失能量

光子在离开空洞时
重获能量

地球

膨胀宇宙中情况有所不同

光子在离开空洞
时重获部分能量,
但没能恢复全部
能量

❸ ISW 效应是如何起作用的?

当光穿越超级空洞时,就像球滚过山丘。因为超级空洞内缺乏物质,它的引力吸引作用要比周边高密度区域要小,这就会使落入的物体像滚上山丘的球一样慢下来。而当这个物体脱离空洞时,就会像滚下山丘的球一样加速前进。光不会减速或者加速,但是它会损失或者获得能量,它的能量与温度直接成正比。

在静态宇宙里,光在进去时损失的能量和出来时获得的能量是一样的,但是宇宙的加速膨胀会改变这一局面。在光穿越空洞的同时,空洞以及所有的空间都在变大,就像围绕着山丘的平原在球越过山丘这段时间内抬升了,所以山丘另一侧的地面会比开始时这一侧的地面高。因此,光并不能拿回所有损失掉的能量,它们从空洞出来时会比进去时更冷。

❷ 为什么需要超级空洞?

2015年,天文学家在离地球大约30亿光年远的地方发现了一个超级空洞,他们认为这可以解释冷斑。为帮助理解为什么这两个现象有联系,我们可以想象宇宙是由一系列同心球面构成的,空间本身(内球面)在向外膨胀,宇宙微波背景辐射的起源处(外球面)也在向外膨胀,宇宙微波背景辐射起源于宇宙早期,约138亿年前。当宇宙微波背景辐射向我们飞来时,一些光子会穿越超级空洞,并在那里因ISW效应(见❸)而损失能量并变冷。

未按真实比例

方法

搜索超级空洞

  为寻找到可解释冷斑的超级空洞，天文学家们分析了由宽场红外巡天探测器（WISE）数据和全天巡天望远镜及快速反应系统（Pan-STARRS）数据汇编成的星系表。这个星系表给出了许多星系在天球上的坐标，但是如果要探测空洞，还需要知道这些星系有多远。为估算距离，研究者会考察单个星系的光学颜色，以粗略估计出光的红移量，也就是光的波长向光谱红端偏移的程度。这种红移来源于宇宙的膨胀，当光在空间中传播时，空间也在拉伸，光的波长也就被拉长了。星系的红移越大，离地球越远。将星系在天球上的位置与估算的距离结合起来，科学家就生成了冷斑方向上的三维星系密度图。

宇宙切片

  研究者把三维密度图分割为一系列平面切片，以展示到地球不同距离处的星系分布状况。在单个切片（见左图）里，密度用颜色标识，红色代表星系数目多的高密度区，蓝色指示相对较空的区域。这些切片在天球上都以宇宙微波背景图上的冷斑为中心。白色圆圈指示的是以冷斑为中心，半径分别为5度和15度的区域（比较可见，月亮所占天区仅为半度）。黑色的等高线勾勒出的是冷斑的大致形状，而红色等高线标识的是宇宙微波背景上其他较为明显的特征。

密区（红色）

空区（蓝色）

30亿光年

CMB

堆叠三维视图

  研究者生成了三个宇宙切片，展示了三个距离范围内的星系密度，这三个距离范围是：红移0.09以内（12.4亿光年）、红移0.11~0.14之间（15亿到19亿光年）、红移0.17~0.22之间（23亿~29亿光年）。离我们最近的切片并没有空洞迹象，最远的切片则显现出一个偏离冷斑这个中心很远的小空洞，但是中间这片却显示有一个很大的、基本上以冷斑为中心的空旷区域。研究者找到了他们的超级空洞。

红移 0.17~0.22

红移 0.11~0.14

红移 0.09

未按真实比例

宙学家认为是暗能量导致了加速。暗能量目前还是个理论概念，它是空间中的一种负压力，能对抗引力的吸引作用。宇宙的加速膨胀让"山丘"的作用有所改变，对宇宙微波背景光子而言，这意味着当它穿越空洞时，包围着山丘的平原实际上也在升高，因此山丘另一侧的平原会比这边的平原高。这样一来，光子在脱离空洞时，并不能补回"爬山"时所损失的全部能量。总效应就是宇宙微波背景光子在穿越空洞后会损失能量。因此，在宇宙微波背景图上，在低密度区域附近会出现低温区。这种现象叫作积分萨克斯－沃尔夫（Integrated Sachs-Wolfe，缩写为 ISW）效应。这种效应也会在星系团区域出现，只是在这种情形下，光子在穿越巨大物质团块所在区域时会获得额外的能量。

ISW 效应理应很微弱。即使对于较大的空洞来说，该效应造成的温度变化一般也比宇宙微波背景本身的平均温度涨落还要低——平均温度涨落的幅度大概只有万分之一，源于宇宙微波背景光子发出时新生宇宙中物质密度的涨落。但是我们注意到，如果确实有特别大的空洞，即超级空洞，ISW 效应导致的温度差异很可能足以产生冷斑。如果我们能够证明超级空洞的确存在，而且也是反常现象背后的驱动力，那么我们就可以在解释冷斑的基础上开展更多的工作。我们可以为暗能量的存在提供确凿的证据，因为只有暗能量对宇宙起作用，即宇宙加速膨胀时，ISW 效应才会发生。

第一条线索

2007 年，天文学家开始搜寻与冷斑重叠的超级空洞。探测这样一个大结构，说起来容易做起来难。大多数天文巡天观测只生成二维的天图，不能告诉我们天图里的天体有多远。我们看到的星系可能全部聚集在一起，也可能在视线方向上分散得特别远。对每一个星系，天文学家都需要收集更多额外的信息，才能估计其距离，而这样的工作是非常费力的，而且成本也往往高到难以承担的程度。

2007 年，美国明尼苏达大学的劳伦斯·鲁德尼克（Lawrence Rudnick）与合作者们在研究射电波段的 NVSS 星系表（美国国家射电天文台甚大阵巡天星系表）时，发现在一块与冷斑位置大致重叠的区域里，星系数量比平均数量少。尽管 NVSS 没有任何有关星系距离的数据，天文学家却知道 NVSS 中绝大部分星系离我们非常遥远。基于该数据，他们猜测在 110 亿光年远的地方应该有一个极大的超级空洞，这个空洞应该通过 ISW 效应生成冷斑。

这个理论中有一个难题，我们现在所接收到的光子穿越那个遥远的超级空洞的时间，应该在大约 80 亿年前（并不是 110 亿年前，因为相比光子发出时，现在的宇宙已经膨胀到了那时的 2 倍大小）。在这么早的宇宙时期，暗能量的作用并没有今天这么强，因此 ISW 效应可能不足以产生冷斑。

鲁德尼克的研究尽管还不是超级空洞存在的确凿证据，却引起了我的注意。我和本·格拉内（Ben Granett）、马克·内因克（Mark Neyinck）一起开展了一项统计分析研究，他们那时分别是夏威夷大学的博士研究生和博士后研究员。我们估算了宇宙微波背景中一些小瑕疵（相对较冷或较热的区域，但没有冷斑那么极端）与较小的星系团或者空洞重叠的概率有多大。结果，我们发现重叠的现象其实非常普遍。

尽管没有任何一个已知的结构能够解释冷斑，这一结果却使我们确信，搜寻与冷斑重叠的超级空洞并不是鲁莽无谋的行为，值得继续进行下去。

随后，我们设计了一项利用加拿大 – 法国 – 夏威夷望远镜（Canada-France-Hawaii Telescope，CFHT）进行观测的计划，目的是瞄准冷斑区域内的数个小天区，对其中的星系进行计数。令我们失望的是，当 2010 年初完成观测后，我们却没有在鲁德尼克预言的距离处发现任何超级空洞的迹象。事实上，我们排除了在超过 30 亿光年的距离外有超级空洞的可能。英国布里斯托大学的马尔科姆·布雷默（Malcolm Bremer）和合作者们开展了一项类似的研究，也没有任何发现。

与此同时，鲁德尼克的原始论文经同行重新审核评估，发现其结果的统计显著性其实比原来想的低很多。因此，有那么一段时间似乎我们不得不放弃用 ISW 效应解释冷斑。

然而，黑暗中还有一线希望。我们的数据给了我们一点暗示，超级空洞很可能就潜伏在离我们很近的地方。看似矛盾的是，根据我们利用 CFHT 获取的数据来寻找附近的空洞却要更难，因为我们所观测的天区离我们越远，其覆盖的物理面积就越大，星系计数结果也就越准确。当离我们近了，观测天区的体积变小了，结果的统计显著性也就低了。所以，即使我们观测到邻近星系数量偏低，存在超级空洞的概率也只有 75%，按照科学研究的标准，这个概率是非常低的，仅相当于一线希望。

要确定是否存在空洞，我们必须对非常大的天区进行拍照，事实上，观测需要覆盖整个冷斑区域，当时我们却没有任何望远镜能覆盖这么大的天区。

第二条线索

幸运的是，在那之后的几年内我拿到了新的数据。我所在的夏威夷大学天文所建成了一台新望远镜：PS1，它是全天巡天望远镜及快速反应系统（Pan-STARRS）的首台望远镜。

这正是我所需要的。这台望远镜坐落在毛伊岛海拔 3000 米的哈莱阿卡拉火山上，它装备了世界上最大的相机，像素高达 14 亿。

2010 年 5 月，在加入了由数所大学组成的合作团队后，我和同事开始用 PS1 测绘占全天面积 3/4 的天区。我依然记得试图说服当时 Pan-STARRS 的首席科学家尼克·凯撒（Nick Kaiser），我建议设备一启用就应该立刻去观测冷斑区域，而不是去干别的事。虽然我没有成功，但是冷斑正好在该望远镜前几年巡天观测计划的覆盖范围之内，所以我所需要的观测数据会一点一点地积累起来。

在我们热切地等待新数据时，我和研究生安德拉斯·科瓦奇（András Kovács）开始利用一些可公开获取的数据研究 ISW 效应，并尽可能地搜索超级空洞。我们利用了 PLANCK 和 WMAP 卫星的宇宙微波背景观测数据，以及最新发布的、主要来自 NASA 的宽视场红外巡天探测器（WISE）的星系数据集。

科瓦奇到夏威夷拜访过我多次，每次都待好几个月，夏天时我则会访问布达佩斯，科瓦奇当时就读于那里的罗兰大学（Eötvös Loránd University）。其他时间，我们每周都会进行远程会议，而且因为檀香山和布达佩斯有 12 小时的时差，我们经常讨论到欧洲时间的深夜。在早期的某次讨论中，我建议他到 WISE 星系表中找一找最大的低密度区域，或者说空洞。几天以后，他发给我一封电子邮件，给出了在该星系表中找到的最大空洞的图像和坐标。看邮件的时候，我马上意识到他找到的空洞中有一个正好与冷斑重合。我当时还没有告诉科瓦奇我感兴趣的是空洞与冷斑的关联，所以这个发现让我喜出望外，在科瓦奇不知道要寻找这种关联的情况下，他的发现不可能被有意搜寻关联证据的念头带偏。WISE 所发现的星系比 NVSS 近很多，这成为指示我们应该搜寻邻近的超级空洞的第二条线索。

循着这条思路，我们花费了数年时间将这些最初的线索转变为发现。我们采用的星系数据库综合了 WISE、Pan-STARRS 和两微米波段全天巡天（Two Micron All Sky Survey，2MASS）的观测结果，但是我们依然需要确定这些星系的距离。一种测量距离的办法是观测该天体的红移，即光的波长向光谱红端偏移的程度。星系越远，它远离我们的退行速度就越快，那么红移就会越大。尽管我们手头缺乏这些星系的精确红移测量数据，但还是可以通过分析它们的颜色来估算近似的红移。我们推断出星系未受红移影响时在各个波段的亮度，再与实际观测进行对比，从而得出它们的红移。

最终，我们为冷斑方向上的每个星系标出了距离，并依此生成了一系列断层切片，即到地球不同距离处的宇宙平面图像。最初的一组图像看起来像苹果的垂直切片，展示了一个大致为球形，越往中心越宽广的超级空洞。结果表明，这个巨大的空洞就藏在离我们非常近的地方，大概 30 亿光年，这正是它那么难以被发现的原因。

在后续的几个月内，我们审视了数据的统计分析，发现超级空洞的证据具有压倒性的显著水平，换句话说，我们非常可信地证实了与冷斑重合的低密度区域的存在。这个超级空洞事实上非常巨大，直径大概有 18 亿光年，这可能是人类目前所观测到的最大结构。它应该是极其罕见的，宇宙学理论指出，在我们的可观测宇宙中应当只存在极少这样的结构。

理解冷斑

我们终于发现了超级空洞。从以前的研究中我们知道空洞和星系团会对宇宙微波背景带来可观测的影响，产生小的冷斑和热斑。我们所发现的超级空洞也确实与宇宙微波背景最显眼的反常现象重合。那么，难题解决了吗？

并非如此。超级空洞的存在，以及它与冷斑区域重合的事实，都还不足以断言是其中一个现象导致了另一个现象。它们有可能只是偶然排列在一起。当然，我们的分析表明，保守估计的话，超级空洞导致冷斑的可能性要比这种巧合高 2 万倍。

然而有更大的问题。超级空洞的位置的确适于解释冷斑，但是尺寸却不太符合。要解释冷斑比宇宙微波背景平均温度低很多的现象，超级空洞的大小需要比现在所看到的大很多，有可能要大 2~4 倍才行。这个差距过大，以致有些科学家认为超级空洞与冷斑可能只是偶然重叠在一起。他们建议我们应该去找其他的解释，比如说星系发射到宇宙空间中的光比预期的要少，这是一种在某种程度上能模仿 ISW 效应的现象。还有，虽然我们的观测清楚地证明了超级空洞的存在，但我们对它的大小、形状和位置的了解却还不够，还无法精确计算它所能产生的效果。特别是，如果超级空洞的形状是向着我们拉长的话，或者如果有好几个空洞沿着冷斑的方向一个接一个堆叠起来的话（像雪人一样），那么这个空洞就可以轻松地解释冷斑的来源了。因此，我们不知道，超级空洞的大小会给我们的理论带来多大的困难。

我们需要更多的数据。我们已经计划针对 PS1 观测过的全部天区重复我们的研究，而不是像以前那样只选用一部分区域。新的研究会利用科学家为减少不确定因素而额外精心处理过的观测数据。有了这样的数据，我们就可以定量比较测量与理论之间的差异，以便决定是否需要修改我们关于 ISW 效应和空洞的思路。这种差异，很可能会告诉我们一些有意思的事情。例如，有一类与广义相对论不同的非传统引力理论只有在空洞里才会表现出独有的特征，如果这类理论中某一个正确的话，ISW 效应的机制可能也会有所不同。如果我们的超级空洞确实为这些理论提供了一点线索的话，那么我们可能正面对一个令人激动的机会，可以超越现有理论，从而更深入地理解宇宙。

无论怎样，超级空洞的发现将会告诉我们一些物理学的重要信息。它可能是暗能量存在的证据，也可能揭示了有关引力作用机制的惊人事实。在接下来的几年中，我们会对超级空洞有更深的认识，因此也会对我们生活的宇宙的本质有更深刻的了解。

多重宇宙存在吗?

乔治·F.R.埃利斯(George F.R.Ellis)
南非开普敦大学的宇宙学家和名誉数学教授。他是研究爱因斯坦广义相对论的世界顶尖专家之一。他和斯蒂芬·霍金(Stephen Hawking)合著了具有巨大影响的《时空的大尺度结构》(《The Large Scale Structure of Space-Time》,剑桥大学出版社,1975年)。

精彩速览

- 20世纪90年代末,平行宇宙的概念从科幻小说跃入了科学期刊中。许多科学家声称在我们可见视界之外存在着不计其数的其他宇宙,每一个都拥有自己的物理定律。它们被总称为多重宇宙。
- 问题是,永远也不会有天文观测能看到这些宇宙,这些论据最多也是间接的。而且,即使多重宇宙存在,它也是大自然最神秘的未解之谜。

过去十年里,有一个不寻常的声音让宇宙学家着迷:我们能看到的这个膨胀着的宇宙不是唯一的,还存在着数十亿个别样的宇宙。不是一个宇宙,而是多重宇宙。在《科学美国人》的文章、布赖恩·格林(Brian Greene)的新书《隐藏的真实》(《Hidden Reality》)等报道和书籍中,顶级科学家正在谈论一场超越哥白尼"日心说"的革命。从这个角度来说,不仅地球只不过是众多行星中的一员,就连我们的宇宙在大尺度上也无足轻重。它只不过是各自为营的无数宇宙中的一个。

"多重宇宙"（Multiverse）这个词具有不同的含义。天文学家可以看到大约 420 亿光年远的地方，那里是我们目前能看到的最远地方（即可见视界）。但我们没有理由认为宇宙会在那里终止。在它之外可能存在许多极为相似的宇宙（甚至无穷多个），每一个都具有不同的初始物质分布，但都由相同的物理定律操控。

今天，几乎所有的宇宙学家（包括我）都接受这种多重宇宙的观点，马克斯·蒂格马克（Max Tegmark）称其为"第 1 层"（level 1）。然而，有人走得更远。他们提出，完全不同类型的宇宙是存在的，它们具有不同的物理定律、不同的历史，也许还有不同的空间维数。虽然其中一些会充满生命，但绝大多数都是不毛之地。这种"第 2 层"（level 2）多重宇宙观点的支持者主要是亚历山大·维兰金（Alexander Vilenkin）。他描绘了一幅生动的画面：在无穷多个宇宙中有无穷多个星系，无穷多颗行星，以及无穷多个和你同名的人在看这篇文章。

自古以来，许多文化中都有类似的观念。不同的是，多重宇宙的主张是一个科学理论，这意味着该理论具有数学上的严谨性和实验上的可检验性。但我对这个说法表示怀疑。我不相信其他宇宙的存在已经得到了证明，或者有一天能够被证明。多重宇宙的拥护者以及大幅扩大了物理现实概念的人，无疑正在重新定义"科学"的含义。

跨越视界

那些赞成广泛意义上的多重宇宙的科学家，对于多重宇宙如何产生，以及它们位于何处，有着不同的看法。这些宇宙可能都位于远离我们的空间区域中，就如艾伦·古斯（Alan Guth）、安德烈·林德（Andrei Linde）等人的混沌暴胀模型（Chaotic Inflation Model）所预想的一样。按照保罗·J. 斯坦哈特（Paul J.Steinhardt）和尼尔·图罗克（Neil Turok）提出的循环宇宙模型（Cyclic Universe Model），宇宙也可能存在于不同的时期。戴维·多伊奇（David Deutsch）提出，其他宇宙和我们现在这个宇宙可能存在于同一空间，但具有不同的量子波函数。蒂格马克和丹尼斯·西阿玛（Denis Sciama）则认为，其他宇宙也许根本不和我们的时空相连。

在这些选项中，最受认可的是混沌暴胀，本文中我会集中讨论它（不过，我在文中的绝大多数评论也适用于其他多重宇宙理论）。混沌暴胀理论认为，大尺度上的空间会永远膨胀，其中的量子效应会不断产生新的宇宙，就像小孩吹泡泡一样。暴胀的概念可以回溯至 20 世纪 80 年代，物理学家根据弦理论（String Theory）——用于阐释自然本质的最全面的理论，已经对暴胀进行了详细解释。

弦理论允许宇宙泡之间看上去大相径庭。实际上，不仅每个宇宙都始于随机的物质分布，而且还具有随机的物质类型。我们这个宇宙包含电子和夸克等能通过电磁力相互作用的粒子，而在其他宇宙中，基本粒子和作用力则可能截然不同，这也意味着不同的物理定律。把所有局部的物理规律集合起来，就构成了"景观"（Landscape）。在弦理论的一些解释中，"景观"的内容极为宽泛，确保了宇宙的巨大多样性。

谈论多重宇宙的许多物理学家，尤其是拥护弦景观（String Landscape）的人，并不关心平行宇宙（Parallel Universes）本身。对他们来说，其他人对多重宇宙这一概念的反对意见并不重要。他们的理论能否存在，取决于理论能否自洽（Consistency），或者最终能否得到实验的验证。他们根据自己的理论，推想出了一个多重宇宙的场景，却没有想过这个场景是如何产生的，但宇宙学家却很关心这一过程。

对一个宇宙学家而言，所有多重宇宙假说的基本问题是，我们的宇宙存在一个视界（Visual Horizon），这个视界限制了我们所能看到的最远距离。因为从宇宙创生至今，在某个遥远的地方，以光速（它是有限的）向我们传播的信号，根本没有足够的时间抵达我们这里。所有的平行宇宙都位于我们的视界之外，无论技术如何进步，我们永远无法看见它们。事实上，它们实在太远了，对我们的宇宙不会产生任何影响。这就是多重宇宙支持者的论断没有一个可被直接证据证明的原因。

这些支持者正在告诉我们，根据在视界中所获得的数据，我们可以外推比我们宇宙视界大 1000 倍、10^{100} 倍、$10^{1000000}$ 倍乃至无穷多倍的空间里会发生什么。这是一种不合理的外推。也许，宇宙在一个非常大的尺度上是闭合的，并非无穷大；也许，宇宙中的所有物质会在某个地方终止，而在这之外则永远是真空；也许，空间和时间会在一个奇点处走向尽头，这个奇点又形成新的宇宙。我们不知道究竟发生了什么，因为我们没有来自这些区域的信息，而且永远都不会有。

多重宇宙的可能形式

绝大多数多重宇宙的支持者都是很谨慎的科学家，他们都很清楚上述问题，但他们仍然认为，可以对视界之外的情况做出合理推测。他们的说法可以归为 7 类，但每一种说法都有自己的缺陷。

空间没有尽头，空间会延伸到我们的宇宙视界之外。并且，在我们看不到的地方还存在许多其他区域，这一点很少有争议。如果这类多重宇宙存在，我们可以外推出在视界之外的区域中能看到什么。但随着距离的增加，不确定性会越来越大。然后，人们就会提出其他的、更详细的多重宇宙场景，比如在我们看不见的区域中，会有不同的物理定律。不过，像这样从已知外推未知情况的问题是，没有人能证明你是错的。由我们看到的东西推测出不可观测的时空区域，科学家如何判断这种外推到底合不合理？其他宇宙是否可能具有不同的初始物质分布，或者拥有不同的物理常数值（例如决定核力强度的那些常数）？不同的假设可以得到不同的答案。

已知的物理学定律预言了其他宇宙的存在。提议中的弱电统一理论预言了标量场（Scalar Fields）之类的实体，它是科学家假设的一种类似磁场那样的、充满空间的场。这些场驱动了宇宙暴胀，产生了无穷多的宇宙。这些理论具有很好的理论基础，但这些假想场的属性是未知的，科学家也没办法证明它们的存在，更别说检测它们具有的性质。关键问题是，物理学家并没有证明这些场的动力学特征能否在不同的宇宙泡（Bubble Universes）中导致不同的物理定律。

外推的危险

外面是什么？

当天文学家凝视宇宙时，他们最远可以看到约420亿光年处。那里是我们的宇宙视界，代表着自大爆炸以来光所能走的最远距离，同时也是自那时起宇宙所膨胀了的大小。假设空间并没有在那里终止，并且可能是无穷大，宇宙学家对其他部分会是什么样子进行了有依据的猜测。

我们

420亿光年

可观测宇宙

我们

预言宇宙无穷多的理论通过了关键的观测检验。宇宙微波背景揭示了早期热膨胀时期结束时宇宙的样子。其中存在的模式说明，我们的宇宙真的经历了暴胀阶段。

但并不是所有类型的暴胀都会永远进行下去，从而产生无穷多个宇宙。而仅通过观测，我们也无法从其他类型的暴胀中甄别出最合理的那一种。斯坦哈特等宇宙学家甚至主张，永恒暴胀（Eternal Inflation）会在宇宙微波背景中产生不同于我们见过的信号模式。林德和其他人却不同意这种说法。谁对谁错？这都取决于你对暴胀场（Inflationary Field）的物理学定律做了哪些假设。

宇宙的基本常数为生命的存在做过精细调整。对于我们这个宇宙，一个惊人的事实是，物理常数恰好允许包括生命在内的复杂结构存在。史蒂文·温伯格（Steven Weinberg）、马丁·里斯（Martin Rees）、伦纳德·萨斯金（Leonard Susskin）和其他人认为，这显然是一种巧合，多重宇宙可以为它提供一个合理的解释：如果宇宙够多，并容许所有基本常

第1层多重宇宙：可信。最直接的假设是，我们所属的空间只是整体的一个代表样本。遥远的外星人会看到不同的部分，但除了物质分布的随机变化之外，所有地方看上去都基本相同。这些可见与不可见区域一起构成了多重宇宙的一个基本类型。

第2层多重宇宙：可疑。许多宇宙学家走得更远，他们怀疑在足够远的地方，事物看会上去和我们所见的截然不同。我们的宇宙也许是悬浮在另外一个真空背景里的许多"泡泡"中的一个。在泡与泡之间，物理定律会存在差别，导致几乎难以置信的各异结果。即使只是从原理上讲，这些泡泡也是无法观测的。作者和怀疑者认为，这一类型的多重宇宙是可疑的。

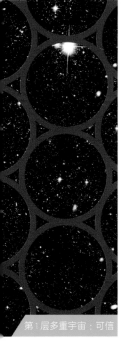

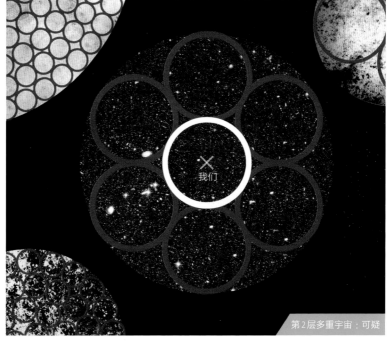

第1层多重宇宙：可信

第2层多重宇宙：可疑

数的存在，那么总会有一个宇宙的基本常数适合生命的出现。现在，这一推断已经用来解释加速宇宙膨胀的暗能量的密度。

我也认为对于暗能量的密度，多重宇宙可能是一种合理的解释。而且，这也是我们现在拥有的唯一有科学依据的解释。但是，我们无法通过观测来验证这种解释。另外，对这一问题的绝大多数分析都假设物理学的基本方程在任何地方都是相同的，只有物理常数存在差异，但只要认真研究多重宇宙，你会发现事实未必如此。

基本常数与多重宇宙理论的预言相符，这种说法对以前的理论做了一些改变。宇宙并没有像我们以前认为的那样，为了能承载生命而做过微调。支持这一理论的人估算过不同暗能量密度可能出现的概率，密度值越高，它出现的可能性就越大，但对于生命来说，宇宙也会变得更加险恶。我们所观测到的值应该正好位于宜居与不宜居的分界线上，而它看上去也确实如此（见上图）。这种说法的漏洞在于，如果不存在多重宇宙让你应用概率的话，我们就无法使用这一概率证据。因此，该说法一开始就假设了想要得到的结果。但如果在物理学上只存在一个宇宙，它根本就不适用。概率只是讨论多重宇宙能否自洽的由头，而非多重宇宙存在性的证据。

弦理论预言了多重宇宙的存在。弦理论已从一个解释每一件事情的理论，变成了几乎任何事情都有可能的理论。在目前的框架下，该理论预言，我们这个宇宙的许多基本属性是纯粹的偶然事件。如果宇宙是独一无二的，那这些特性似乎就无法解释了。例如，我们如何理解物理学具有高度限制的特性，使得生命存在这一事实？如果我们的宇宙只是许多个宇宙中的一个，这些特性就完全说得通了。它们不会被特意挑选出来的，而只是恰好出现在我们所处的宇宙空间。

如果身处其他地方，我们就会观测到不同的物理性质，当然前提是我们能在这些地方活下去（绝大多数地方生命都无法生存）。但弦理论不是一个经受过考验的理论，甚至不是一个完整的理论。如果我们有证据可以证明弦理论是正确的，那么这套理论所做的预言将会成为多重宇宙合理的、有实验依据的论据。但我们没有这样的证据。

所有可能发生的事情都会发生。为了解释自然界为何会遵循特定规律而非其他规律，一些物理学家和哲学家怀疑自然界从未选择过物理定律，任何可能的规律都可以在某处发挥作用。这个想法部分源自量子力学。正如默里·盖尔曼（Murray Gell-Mann）所说，在量子力学中，只要是没有禁止的就是必然会发生的。一个粒子会走它能走的所有路径，而我们观测到的现象，则是所有这些可能性加权平均的结果。对于宇宙可能也是如此，这暗示了多重宇宙的存在。但是，天文学家完全没有机会观测到所有的可能性。

实际上，我们甚至无法知道这些可能性是什么。只有在一些尚未被验证的组织原则或框架下（它们决定了哪些可以发生，哪些不能发生），上述说法才说得通（例如，蒂格马克曾提出，所有可能的数学结构都必须在某个物理区域中才能实现）。但是，我们不知道这种说法会牵涉到什么样的原则或框架，而且我们也没有任何方法来检验这些组织原则的存在或属性。在某些方面，这种说法是一个很有吸引力的提议，但把它应用于现实则纯粹是猜想。

证据的缺失

虽然理论论据不足，但宇宙学家也提出了各种各样对平行宇宙的实证检验。例如，如果我们的宇宙曾经和另一个宇宙泡（混沌暴胀理论所暗示的那种类型）发生过碰撞的话，在宇宙微波背景中，也许还残留着这个宇宙的蛛丝马迹。

如果宇宙处于无穷无尽的循环中，宇宙微波背景还可能包含大爆炸之前的宇宙的残留痕迹。通过这些方式确实可能找到其他宇宙存在的证据。一些宇宙学家甚至声称已经看到了这些残留痕迹。然而，这些说法引起了巨大的争议，而且在许多假设中，可能存在的多重宇宙都不会产生这些证据。因此，观测者只能通过这些方式检验一些特定类型的多重宇宙。

第二种检验方法是，寻找一个或者多个基本物理常数的变化，从而可以证实物理定律并非永恒不变的这一前提。一些天文学家宣布已经发现了这些变化，但绝大多数人对此半信半疑。

第三种检验方法是，测量我们能观测到的宇宙的形状，它是球形（正曲率）、双曲（负曲率）还是"平直"（零曲率）的？多重宇宙理论一般都预言宇宙不会呈现球形，因为一个球自身是封闭的，只允许有限的体积。不幸的是，这种检验并不精确。超出我们视界的宇宙可以具有和我们所见部分不同的形状，而且不是所有多重宇宙理论都排除了球形宇宙。

一个更好的检验方法是测量宇宙的拓扑结构，它是否会像一个甜甜圈那样卷成环形？如果是这样，它的大小将是有限的，这会明确排除绝大多数暴胀模型，尤其是基于混沌暴胀的多重宇宙理论。这一形状会在天空中产生循环出现的模式，例如宇宙微波背景中的大圆环（Giant Circle）。观测天文学家对此进行过搜寻，但一无所获。不过，这样的结果并不能用作支持多重宇宙的论据。

最后，物理学家希望能证明或者否定一些预言多重宇宙的理论。他们也许会找到否定混沌暴胀的观测证据，抑或发现一种数学或者验证上的不自洽性，迫使他们放弃弦理论的景观。这种情形会削弱许多人支持多重宇宙理论的动机，但不会完全排除多重宇宙的可能性。

太多的回旋余地

总之，对于多重宇宙是否存在，我们还没有明确答案。根本原因是这种理论非常"灵活"，它更像是一个概念，而非定义明确的理论。绝大多数假说都只是一些不同想法的拼凑体，而不是一个连贯的整体。就永恒暴胀的基本机制而言，它不会导致多重宇宙中每个宇宙的物理定律都不同。为此，永恒暴胀理论需要和另一种推测性理论相结合。虽然它们可以相互适应，但并不是必然的。

证明多重宇宙的关键步骤是从已知到未知、从可检验到不可检验的外推。你得到的答案取决于你选择什么来外推。因为涉及多重宇宙的理论几乎可以解释任何事情，任何观测都可被纳入一些多重宇宙理论的"变体"中。实际上，这些各式各样的"证据"在向我们暗示，应该接受一个理论解释而非坚持观测检验。但是，到目前为止，这些检验已经成为

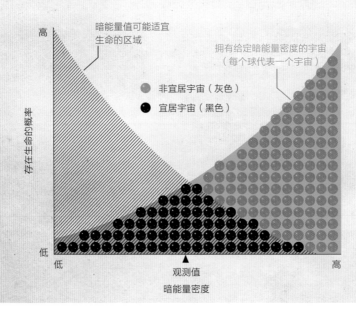

暗能量与多重宇宙

恰到好处?

拥护者们常常引用暗能量密度作为多重宇宙的证据，暗能量密度主导着我们这个宇宙的结构。暴胀随机赋予了多重宇宙中每一个宇宙不同的暗能量密度。拥有较低能量密度值（或者能量密度值为零）的宇宙较少，绝大多数宇宙都具有较大的值。但是太多的暗能量会撕裂复杂的结构，使之不适宜生命居住。把这两个因素放到一起，类似我们这样的宜居宇宙应该具有一个适中的暗能量密度。你瞧，我们宇宙真是这样（"观测值"所指处）。但是，多重宇宙的怀疑者说这是循环论证，这只有在一开始你就假设多重宇宙存在时才成立。这是一个自洽性检验，而非证据。

暗能量值可能适宜生命的区域

拥有给定暗能量密度的宇宙（每个球代表一个宇宙）

非宜居宇宙（灰色）
宜居宇宙（黑色）

存在生命的概率
高 / 低

暗能量密度
低 / 观测值 / 高

科学研究的核心诉求，抛弃它我们将自担风险。如果我们降低对可靠数据的要求，就弱化了过去的几个世纪中科学取得成功的根本。

现在，对于一些现象，一个统一的解释肯定要比一大堆乱七八糟的解释更令人满意、更受重视。如果一种统一解释认为，一些不可观测实体是存在的，比如平行宇宙，我们也许会觉得自己是被强制去接受这些东西的。但是，一个关键问题是，我们需要多少无法验证的实体？特别是，我们是否假设了比需要解释的现象更多（或更少）的实体？对于多重宇宙，我们假设存在大量甚至是无穷个无法观测的实体，来解释仅仅一个可观测的宇宙，这很难符合14世纪英国哲学家奥卡姆的威廉（William of Ockham）提出的"实体不得超出所需"的原则。

多重宇宙的支持者亮出了最后一条理由：没有更好的替代理论。科学家很可能会发现多重宇宙理论的扩张令人不快，如果它是最佳的解释，我们就得被迫接受它；相反，如果我们打算放弃多重宇宙，就需要一个可行的替代理论。

对"替代品"的探索取决于我们准备接受什么样的解释。物理学家总是希望自然规律是必然的，即由于没有其他可能的方式，所以事物呈现出本来的样子，但是我们无法证明这是真实的。其他可能性也存在。宇宙也许纯粹是偶然事件，只是正好以这个方式出现。或在某种意义上，事物本来就是这个样子——它们的存在有着特定的目的或意图。科学无法确定是哪种情况，因为这些是纯粹哲学议题。

为了解决存在的本质这个深层问题，科学家提出了多重宇宙理论，希望它能成为一条解决途径，但这个理论却留下了无法解决的终极问题。所有宇宙涉及的问题在多重宇宙中也会再一次涉及。如果多重宇宙存在，那它的出现是偶然的、必然的还是带有某种目的性？这是一个纯粹的哲学问题，对于宇宙或多重宇宙而言，任何物理理论都无法回答。

为了取得进展，我们需要保留实证检验是科学核心的想法。无论提出什么客观实体，我们都需要与它们具有某种因果联系，否则就失去了限制。这一联系可以是间接的。如果一个实体是无法观测的，但对于其他已经被证实的实体而言又绝对必要的话，那么它可以被当成已经经过证实的。但是，对于提出这些实体的人而言，就有责任去证明这种间接联系是否存在。我对多重宇宙的支持者提出的一个问题是：你们能否证明，不可见的平行宇宙对于解释我们所处的世界是不可或缺的？它们之间的联系是必需且不可避免的吗？

虽然我对多重宇宙有些怀疑，但我认为对多重宇宙的思考是一个绝佳机会，让我们能去深思：科学本质是什么？存在的终极原因是什么？为什么我们会在这里？它将催生有趣的新见解以及富有成效的研究项目。关注这一概念，我们需要一个开放的思维，但也不能过于开放，这是一条微妙的道路。

平行宇宙也许存在，也许不存在，未被证明。我们不得不和这一不确定性相伴。有科学基础的哲学猜想并没有错，多重宇宙的提议即是如此，但我们应该还其本来面目。

看不见的宇宙维度

尼玛·阿卡尼-哈麦德（Nima Arkani-Hamed）

萨瓦斯·季莫普洛斯（Savas Dimopoulos）

乔吉·杜瓦利（Georgi Davli）

1884年，英国作家埃德温·A.艾勃特（Edwin A.Abbott）写出了经典的文学作品《平面国》（《Flatland: A Romance of Many Dimensions》，也译作《神奇的二维国》），书中描述了一个神奇的平面国，这个国家存在于二维空间中，它的国民都是一些活生生的几何形状的人，三角形人、正方形人、五边形人等。书的最后讲到，一个三维空间国的球形人来到了平面国，把一个正方形人从平面国带到了三维世界。当正方形人知道了三维世界以后，他开始猜测，也许还有更大的四维世界，而三维空间国只不过占据了四维世界中很小的一块而已。

我们可能生活在更高维度空间中的一张膜上。在不久的将来，实验物理学家可能会探测到来自1mm以下额外维的信号。

令人惊讶的是，上述情形与现代物理学家所关注的问题如出一辙。我们的世界也许被禁锢在一个三维的膜空间里，而这个膜空间本身处在一个更高维的空间中。但和《平面国》中的描述不一样的地方在于，正方形人是被神奇地带了出来，亲眼看到了三维空间国，而现代物理学家需要探测和证明额外空间的存在，这些额外空间的尺度甚至达到了毫米量级。实验物理学家已经开始探测额外维度对引力的影响。假如额外维理论是正确的，科学家希望在未来的高能实验中，观察到一些非常特别的量子引力效应，比如在实验中产生短寿命的微型黑洞。额外维理论基于弦理论的一些最新进展，有可能解决粒子物理和宇宙学中的一些长久疑问。

物理学家一直在尝试理解宇宙中最常见的力——引力。多维理论和弦理论等奇思妙想正是在这个背景下应运而生。虽然距离牛顿提出万有引力定律已有3个多世纪，物理学家还是不能解释引力为何会比其他种类的力弱得多，区区一小块吸铁石产生的电磁力，就可

维 度

维度的简介

格雷汉姆·P. 柯林斯（Graham P.Collins）

维度：研究表明我们的时空是四维的，其中的三维是空间（上下方向、左右方向和前后方向），剩下一维是时间。虽然直觉上，我们很难想象还可能有额外的维度，但是数学家和物理学家长期以来，都在分析着任意维度空间的性质。

维度的大小：已知的这四维时空都非常巨大。对于时间维度，往前至少可以推到130亿年以前，向后则似乎是无限的。对于空间维度，在上下、左右、前后这三个方向上，尺度似乎也是无限的，当代望远镜可以看到超过130亿光年以外的东西。当然维度的大小也有可能是有限的，例如地球表面就是个有限大小的两维空间，赤道周长就只有40000km。

小的额外维度：一些现代物理理论认为，在常见的三维空间以外还可能存在着卷曲的额外空间。这些卷曲空间必需非常小（卷曲半径在10^{-35}m左右），所以无法被实验探测到。我们可以用一根棉线来形容这类小尺度的额外空间，远远看上去，棉线是一根一维的线，蚂蚁只能沿着线的方向爬，但是在显微镜下看，棉线就是个两维的面，小小的螨虫既可以沿着线的方向爬，也可以绕着线爬。

大的额外维度：最近物理学家才意识到，即使存在毫米尺度的额外空间，我们仍然有可能没有观测到它。这个结果非常令人惊奇，所有已有实验竟然不能排除这种可能性，而且这样大的额外维理论，还可以解释一些粒子物理和宇宙学中的难题。除了引力，人类以及人类所知道的一切，都被禁锢在已知的三维空间中，而这个三维空间其实只是更高维度空间中的一个膜空间而已。这样的情况很像打台球，虽然存在三维空间，但是桌球只能在两维绿色台球桌上活动。

维度和引力：在引力方程中，引力的强度和引力可以在多少维空间里传播密切相关。在三维空间中，通过研究引力在小于1mm尺度上的行为，我们可以了解引力在额外维空间里面的传播行为。如果存在毫米尺度大的额外维度，那么在实验中将更容易产生各种奇异的量子引力产物，比如微型黑洞、引力子和振动的弦。在未来的高能粒子加速器实验中，我们将很有可能发现这些量子引力产物。

桌球在球桌上的运动，可以类比额外维理论中基本粒子在三维膜空间上的运动。桌球之间的碰撞，只能导致桌球在桌面上运动，而桌球碰撞产生的声波，却可以在三维空间内传播（图中红线），就像引力可以传播到额外维空间中去一样。通过精确研究桌球的运动轨迹，人们可以推算出能量损失了多少（被声波带走）。类似地，科学家可以研究对撞机中粒子碰撞的能量损失，进而证实额外维是否存在。

以轻易地克服整个地球对一个铁钉的吸引力，从而把铁钉吸附起来。两个电子之间万有引力的大小，只有它们之间电磁斥力的$1/10^{43}$。引力对人类有着重要影响，正是由于引力的存在，我们才能"脚踏实地"，地球才能每天绕着太阳旋转。由于日常生活中的宏观物体基本上都是电中性的，所以人们很难观测到它们之间的电磁力。引力虽然很弱，但是正比于质量，而宏观物体质量很大，所以引力不容忽视。

微弱的引力

如果两个电子之间的万有引力和电磁力一样大，那么电子的质量就要达到现在的10^{22}倍。要产生如此巨大质量的粒子需要10^{19}GeV（GeV，即10^9电子伏）的能量，这就是普朗克能量。与此相关的另一个物理量是普朗克尺度，它非常小，只有10^{-35}m（根据不确定性原理，任意能量和它对应的尺度之间的乘积一定是个常数，所以能量和尺度可以互相转换，两者等价。在这里，普朗克能量乘以普朗克尺度就刚好是个常数）。为了对普朗克尺度有一个清晰概念，我们做个比较：氢原子的原子核是质子，它的大小是普朗克尺度的10^{19}倍，质量是1GeV。普朗克能量非常巨大，远远超过了当前人类最大加速器的功率，而相应的普朗克尺度就太小了，也不能被当前的实验探测到。由于引力的大小在普朗克尺度上才会与电磁力相当，所以物理学家一般认为，只有在普朗克尺度上，才能建立起一个终极大统一理论。

在大功率加速器的帮助下，实验物理学家观察到了电磁力和弱相互作用力（一种亚原子之间的力，它导致了某些辐射衰变的产生）的统一。这个能量所对应的尺度被称为电弱尺度，它距离普朗克尺度还非常遥远，因为电弱尺度是普朗克尺度的10^{16}倍，这说明引力实在是非常微弱。

另外，物理学家通过精心选取标准模型中的参数，很好地解释了电弱尺度上的各种实验观测，却不能解释为何电弱尺度和普朗克尺度相差如此悬殊。为了能和实验结果高度吻合，科学家要对标准模型的参数进行很精细的调整，精度甚至达到了$1/10^{32}$，否则的话，量子效应就会破坏电弱尺度的稳定性，把理论推向普朗克尺度。在标准模型中，我们对参数调整的精细度要求极高，这好比一个人走进房间，发现一只削尖的铅笔，笔尖朝下倒立在桌子上一样。这种情况不是不可能发生，但确实发生的概率极小，而且非常不稳定，我们不禁会问，这一切是如何发生的？

理论物理学家一直在思考关于电弱尺度和普朗克尺度的难题，他们把它称为层级问题（Hierarchy Problem）。这个问题的核心可以归结为，如何将标准模型的尺度稳定在电弱尺度，即10^{-19}m（或者说等价于1000GeV的能量尺度）。为此，物理学家对标准模型进行了各种推广，其中最流行的方法是引入超对称理论。回到我们此前举的铅笔站立的例子，超对称就像是提供了无形的线，将铅笔拴住，使铅笔不倒下来。虽然到目前为止加速器还没有观察到任何超对称存在的直接证据，但是已经有一些间接的证据支持超对称理论。例如在超对称理论的框架下，把当前观测的强相互作用、弱相互作用和电磁相互作用力外推到很小尺度时，这三个力变得一模一样。这个结果说明：在超对称框架下，这三种力在10^{-32}m尺度上统一。这个尺度大约是普朗克尺度的1000倍，但仍然无法在粒子对撞机上被探测到。

多维空间内的引力

为了解决层级问题，近些年物理学家希望在电弱尺度（10^{-19}m）上改变已有的粒子物理理论，比如引入超对称理论等。理论物理学家也曾提议进行一种完全不同的尝试——改变时空、引力和普朗克尺度本身。自从一个世纪以前普朗克提出普朗克尺度的概念到现在，物理学家一直认为很小尺度上的引力行为和在日常尺度下是一模一样的。然而，这仅仅是一个没有验证过的假设而已。新的理论尝试正是起源于对上述假设的怀疑。

在牛顿的万有引力公式里面，引力反比于两个物体之间距离的二次方。在宏观尺度上，万有引力定律非常成功，解释了诸如地球绕着太阳转在内的一系列物理现象。由于万有引力很弱，现在的实验只能在毫米尺度以上证明万有引力公式。我们需要验证万有引力公式是否在普朗克尺度（10^{-35}m）上也是成立的。

实际上，在三维空间里，力和距离的平方成反比是一件很自然的事情（见下页图）。假设地球同时向外空间发射引力线，引力线匀速传播，则在每个时刻所有引力线的前端会构成一个球面。这个球面的大小正比于它到地球距离的平方。引力线传播得越远，这个球面就越大，从而引力线就会越稀疏，显然引力线是按照与距离的平方成反比的方式在变得稀疏。现在我们假设还有一个额外空间维度，在四维的空间里，引力线会在四个方向均匀传播，场线前端形成的四维球体表面积，正比于距离的三次方，所以，四维空间中的引力将反比于距离的三次方。

在我们的世界里，科学家并没有观测到引力的大小反比于距离的三次方，但这并不排除存在额外空间维度的可能，额外维度有可能卷曲在一个很小的、半径为R的圆柱形空间里。引力源附近的场线（见下页图）会在四个方向上均匀、自由地传播，对应的引力大小一定是反比于距离的三次方，而一旦小的圆柱上布满了引力线，则引力只能在剩下的三个空间维度里传播了。也就是说，在距离大于R的地方，引力公式是和距离的平方成反比的。

地球的引力场可以理解成，地球向三维
空间中辐射出引力线。离地球越远，引
力越弱，这是因为距离地球越远，引力
线前端覆盖的面积就越大。在三维空间
中，因为引力线前端覆盖的面积和距离
的平方成正比，所以引力的大小和距离
的平方成反比。

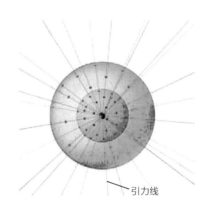

引力线

　　类似的效应也会发生在高维的、半径为 R 的额外卷曲空间中。这里我们假设在小于 R 的尺度上还有 N 个卷曲的额外维，那么此时引力的大小反比于距离的（2+N）次方。由于现在人类只能测量毫米以上尺度的引力，所以如果卷曲的额外维空间尺度 R 小于 1mm，它们对于引力定律的改变是微乎其微的，超出了我们目前的观测能力。一旦引力大小和距离的（2+N）次方成反比，则引力就能在大于 10^{-35} m 的尺度上达到原先普朗克尺度预言的大小。换句话说，（2+N）的反比关系使得普朗克尺度不必要那么的小，从而层级问题也得到了很大的缓解。

　　为了彻底地解决层级问题，物理学家引入了足够多的额外卷曲空间维度，这样普朗克能量就非常接近电弱能量了。此时引力和其他种类的相互作用力，将会在 10^{-19} m 的尺度上统一，这和传统大统一理论预言的各种力在 10^{-35} m 尺度上统一大不相同。额外维度的多少取决于这些额外维卷曲半径的大小，反过来说，一旦固定了额外维的数量，我们就可以计算出额外维的卷曲半径 R 的大小。假如空间只有一个额外维，那么卷曲半径 R 大概相当于地球到太阳之间的距离，显然这不可能，现在的实验观测已经排除了这种可能；如果是两个额外维度，则它们的卷曲半径 R 正好略小于现在实验的精度，所以我们不能排除空间拥有两个额外维度的假设。更多额外维度的引入会使它们的卷曲半径进一步降低，例如七个额外维度的卷曲半径约为 10^{-14} m，这和铀原子核的大小差不多。对于日常生活来说，这个

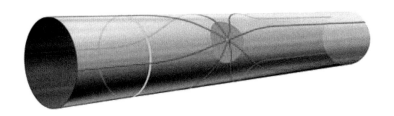

如果存在小的卷曲空间（如图中管道所示），将会改变引力（如图中的红线表示）传播的行为。当距离小于卷曲空间半径的时候（如图中的蓝色区域），力线会在所有维度空间里自由传播，而当距离远大于卷曲空间半径的时候（如图中的黄线所示），引力线已经充满了额外空间，此时额外维度便不再影响引力线的传播。

尺度已经足够小了，然而对于粒子物理而言，它还是非常巨大的。

对普通人来说，存在额外空间维度似乎是一件难以理解的事情，但物理学家对此并不陌生。早在1920—1930年间，波兰数学家西奥多·卡鲁扎（Theodor Kaluza）和瑞典物理学家奥斯卡·克莱因（Oskar Klein）就提出了一个构想，即通过增加一个额外空间维度来统一引力和电磁力。现代的弦理论物理学家进一步发展了这个古老的想法，在弦理论里面，存在10个在数学上自洽的额外空间维度。过去物理学家认为，额外维的卷曲半径应该非常小，大概在普朗克尺度10^{-35}m左右，这样小的额外维空间不可能被观测到，因此它也不能解决层级问题。新的额外维理论则认为，卷曲半径可以为10^{-14}m~1mm。

膜空间上的宇宙

也许有人会问，如果额外维的尺度真的那么大，那我们为什么看不到它们呢？ 1mm大小的东西用肉眼都能看见，更不会逃过显微镜的观察。虽然人类现在还不能够观测到毫米尺度上的引力效应，但科学家已经在10^{-19}m尺度上成功观测到了其他几种力。这些实验结果都表明我们的空间是三维的，那么，为什么还有可能存在额外的空间维度呢？

这个问题的答案非常简单并且独特：在额外维理论里，所有的物质以及除了引力以外的其他力，都被禁锢在一个膜空间上（见下图）。电子、质子、光子以及所有其他标准模型粒子，都不可能在额外维里面传播，包括电磁场。这个三维的膜空间禁锢了除引力以外的所有物质，导致我们一直以为宇宙空间就只有三维。事实上，只有引力场线可以进入那些额外的维度，换句话说，那些额外维度只对引力的传播子——引力子，是开放的。科学家只有通过观测引力效应，才能感知这些额外维度的存在。

我们做个类比，设想电子、质子等所有标准模型的粒子都是一张很大球桌上的各种颜色的桌球。在桌球看来，它们的世界就是两维的，因为它们只能在两维的球桌上活动，那桌球们是如何探索那些高维空间的呢？当两个桌球发生剧烈的碰撞，由此产生的声波就可以传播到球桌以外，并把一部分能量从球桌上带到更大的空间里去。这里的声波与引力类似，因为只有引力才可以进入到那些额外的空间维度。在高能粒子对撞实验中，物理学家期盼着看到能量的损失，因为这些能量很有可能是被引力子带出了我们的三维空间。

为了让读者对"所有粒子（引力子除外）都被禁锢在一张膜上"的说法有一个较清晰的理解，我们再举一些例子。电线中的电子只能沿着电线传播，而不能移动到周围的空间

膜空间　　在额外维理论里，我们已知的三维宇宙其实是被禁锢在一个膜空间上的。圆柱体上的线和平面代表了我们的日常三维空间。除了引力，我们所知的其他粒子和力都被禁锢在这个三维空间里面。引力（红线）则可以在所有空间维度里面传播。这些额外空间的尺寸最大可以达到毫米量级，并不违背所有已知的实验观测结果。

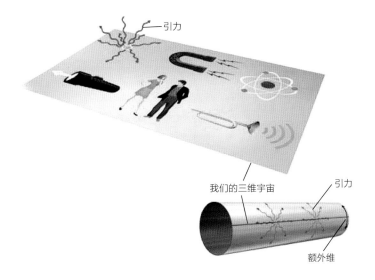

里去，我们可以认为电子是被禁锢在电线里面。类似地，不管海有多深，波浪主要还是在海面上传播。实际上，弦理论就可以推导出，除引力子以外其他物质粒子被禁锢在一张膜上的结论。在弦理论里面，这样的膜有一个专业术语，叫作D膜（D-brane，其中brane这个词来自于英文单词membrane，而字母D来自于单词Dirichlet，D代表这种膜需要具有某种数学结构）。在弦理论里面，电子、质子等粒子不再是一个点，而是一根很短的弦。D膜理论要求这些电子弦、质子弦的两端必须黏在一个D膜上，也就是禁锢住了它们，而引力子则是一个尺度很小的封闭弦。所谓封闭弦，就是指弦的两端黏在一起构成了一个环，所以代表引力子的闭弦没有端点，也不需要黏在一个D膜上，从而它们可以自由地在所有空间维度里面传播。

额外维理论正确么？

物理学家在提出一个新理论后，都会对其进行仔细检验，将新理论的各种预言和已有的实验结果做比较。额外维理论改变了引力在宏观尺度上的行为，以及其他一些高能物理结论，这些变动很大，原则上很容易被实验排除。不管怎样，额外维理论确实没有违背所有已知的实验结果。下面我们就举几个例子来说一说。

首先，如果额外维理论改变了引力的行为，那么这会不会影响引力把物质聚合在一起的能力，比如说，影响恒星和星系的聚合？实际上，这种担心是多余的，额外维理论只是改变了引力在毫米尺度以下的行为。所以在星系间这样庞大的尺度下，引力还是可以把物质吸引在一起，形成恒星等各种天体结构。

现在我们来看一下引力子。所谓引力子，是量子理论中的一种假想粒子，它用来传播引力相互作用。在额外维理论中，引力子和其他物质粒子的相互作用会强得多，所以在高能粒子对撞机上，将会产生比预想值更多的引力子。由于引力子可以在所有空间中自由传播，这些对撞出来的引力子将会把大量能量带离我们的三维空间。

当一颗恒星死亡的时候，它会塌缩并形成一个超新星。这个过程所产生的高温，可以把引力子辐射到额外维空间里去（见下图第1幅）。有一个著名的超新星爆发——超新星1987A，科学家对它的观测表明，爆发所放出的绝大部分能量都被中微子带走了，只有很小一部分可能是被引力子带走的，并给出了引力子和普通物质耦合强度的一个约束。粗略计算表明，额外维理论不满足这个约束。然而在详细计算后，科学家发现理论和实验观测并不冲突。对于存在两个额外维的理论，超新星观察给出了一个最强的约束——如果引力子把大量能量带到额外维空间里去，超新星就会因失去能量的速度太快而不符合观测结果。

额外维空间与微型黑洞

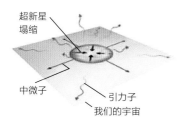

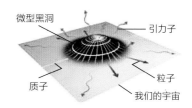

　　大质量的恒星向内塌缩产生超新星,并向外放出大量冲击波。科学家一般认为这些能量是被中微子带走的（图中蓝线所示）。假如存在额外维,那么辐射出的引力子（图中红线）将会把更多的能量带到额外空间中去。如果引力子带走了太多的能量,超新星就不能形成,所以理论物理学家可以通过超新星的观测数据,给额外维模型的性质设置一个约束。

　　当粒子加速器中的两个高能质子（图中黄线所示）碰撞在一起的时候,有可能产生微型的黑洞。这些黑洞会以霍金辐射的形式,向外释放出标准模型粒子（图中蓝线所示）和引力子（图中红线所示）,从而很快蒸发掉。

　　理论物理学家还对额外维理论的其他推论进行了检验,发现它们都与实验观测吻合。在所有的观测里面,超新星的观测给出的约束最强,而且科学家发现,额外维度越多,实验约束就越弱。极端情况下,如果只有一个额外维度,那么这个额外维度的卷曲尺度大约是地球到太阳的距离。这显然是违背实验观测的。反之,如果额外维度越多,则引力改变的效应越分散,使额外维空间的卷曲尺度都不是很大,从而符合宏观上的各种引力观测结果。这就是为什么增加的额外维度越多,这类理论的精度就越高。

未来的对撞机

　　额外维理论预言,引力的作用在10^{12}电子伏能量上会更强。这既可以解决层级问题,又可以使理论本身更容易在粒子物理加速器上得到验证。假如弦理论能够正确描述量子引力理论,那么引力将是像小提琴弦一样振动的闭弦。在弦理论里面,已知基本粒子的弦不振动,类似于松弛的琴弦。弦振动所产生的各种"音符"（Musical Note）,都对应着一种未被发现的新粒子。在传统的弦理论中,弦的尺度在10^{-35}m左右,在此尺度下,弦振动产生的新粒子的能量，可以达到普朗克能量的量级，远远超出了现有实验的观测能力。如果考虑到额外维理论，这些闭弦的尺度就可以提高到 10^{-19}m 量级，此时由弦振动产生的新粒子的能量只有 10^{12} 电子伏左右。同样，额外维的存在也会降低产生微型黑洞的能量。所以在加速器上也有可能产生微型黑洞（见上页图）。

即便加速器上的能量还不能够产生振动的弦和微型黑洞，但也会产生出大量的引力子。这也是额外维理论和传统理论的不同之处。在传统理论中，对撞机产生引力子的过程可以忽略。虽然对撞机实验并不能直接探测到引力子，但是产生的引力子会带走一部分能量，实验数据会显示出能量损失。额外维理论预言的能量损失大小随着碰撞能量的不同而变化。根据这一性质，科学家可以区分是引力子带走了能量，还是由其他未知粒子造成了能量损失。现有高能加速器的数据可以对额外维理论给出一个初步约束。未来的加速器实验，将很有可能发现引力子，进而发现额外空间维度，即便不能，它也会对额外维理论给出更多更强的约束。

其他一些实验也可能证实额外维理论，甚至这类实验的结果比对撞机上的结果来得更快。为了解决层级问题，前文中提到的两个额外维的卷曲尺度要达到毫米量级。在这种尺度上，引力的大小反比于距离的四次方，而不是传统牛顿万有引力里面反比于距离的二次方。科学家在毫米及其以下尺度上，通过设计实验探索引力的行为，能够证实是否存在额外的空间维度。在额外维里面，距离小于 1mm 的两个物体之间产生的排斥力，将会是引力的 100 万倍。为了观察到上述可能的现象，科学家用精密探测器，探测从厘米到几十微米上的引力行为（见下页图）。

为了探测毫米及其以下尺度上的引力行为，科学家除了要求探测对象的尺度不能大于1mm 外，还要求它们的质量都很小。所以，这些实验必须达到很高的精度，能够剔除各种可能的误差。比如说，科学家需要仔细辨别电磁相互作用，以免把一部分电磁力错当成了引力。这样精细的实验非常难做，但是很有意义，科学家能更容易地从中发现新奇的物理现象。且抛开额外维理论不谈，提高人类技术，探测小尺度上的引力行为，本身就很有意义。华盛顿大学的科学家已经在 1/5mm 的尺度上测量了引力的行为，并与万有引力定律的预言做了对比，两者十分吻合，没有偏离。因此，如果存在额外维，那么这些额外维的卷曲尺度必须要小于 1/5mm。现在更多的科学家正在努力提高实验精度，希望以此发现额外维。

额外维的想法其实是继承和发扬了哥白尼的思想，就是如何定位我们地球的地位。现在我们都知道地球不是太阳系的中心，太阳系也不是银河系的中心，银河系也不是宇宙的中心。银河系只是宇宙中数十亿个已知星系中的普通一员。同样，我们的三维宇宙也许只是一个更高维空间中的膜空间。假如我们可以把这些额外空间维度切开，就会发现我们的

探测引力

科罗拉多大学的扭秤实验，正在观测 0.05mm~1mm 尺度上的引力行为。压电体使由钨构成的探头（蓝色）发生振动，就像跳水板一样。如果在探头和探测器（红色）之间有力的相互作用，那么探测器就会产生扭转并不停地震荡，从而产生电信号。仪器上安装了一个镀金的防护器（黄色），用来尽可能地屏蔽电磁力。黄铜做的弹簧片可以为探测器减震。探测器周围还有其他防护器来屏蔽电磁力，这些并没有画在图中。最后，为了最大程度地保证实验精度，实验使用了液氦降温，使得仪器周围的温度只有 −269.15℃。

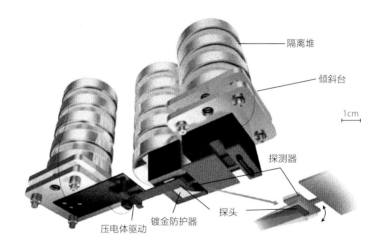

宇宙只是占据了切片中很小的一点而已。

就像银河系不是宇宙中唯一的星系一样，我们的宇宙也可能不是高维空间中的唯一宇宙。可能还有更多的三维空间禁锢在其他膜空间上，这些膜空间平行于我们宇宙所在的膜空间，中间隔着1mm的额外空间维度(见下页图)。类似地，虽然所有已知的标准模型粒子都被禁锢在我们这个膜空间上，但并不排除会有其他新粒子可以进入到额外维空间。额外维空间并不一定是真空的，它们甚至可能有很复杂而有趣的内部结构。

如果额外维中存在新粒子，这将很有可能解释许多现存的粒子物理和宇宙学难题。例如，中微子的质量起源问题。长久以来，中微子都被认为是没有质量的。然而，近些年的实验证实了中微子具有一个极小但非零的质量。在额外维理论里面，中微子可以与它在额外维里面的伙伴粒子相互作用，从而使自身获得质量。中微子的伙伴粒子也可以在额外维空间传播，所以伙伴粒子产生的力很快被稀释，这导致了中微子的质量非常小。

平行宇宙

宇宙学中另一个谜团就是暗物质。暗物质占宇宙中所有物质质量的90%，虽然不可见，但科学家可以通过引力效应观测到它们。在额外维理论里，暗物质被认为是处在其他平行宇宙中的物质。由于引力可以自由地在额外维空间传播，所以人们通过引力观测，能够发现其他平行宇宙里的物质。但是光子被禁锢在膜空间上，所以其他平行宇宙里的光子，不可能通过额外维传播到我们地球上，所以我们看不见它们。

这些平行宇宙可能和我们的宇宙完全不同，它们有着不同的粒子和力。平行宇宙所在的膜空间，可能拥有更少或者更多的空间维度，但也不排除我们的宇宙和其他平行宇宙，是处在同一个膜空间上的，只是这个膜空间来来回回被折叠了很多次，形成了很多的层，每层之间都隔着薄薄的额外维（见下图）。虽然额外维可能只有1mm那么厚，但是不同层上面的物体（也就是不同平行宇宙中物体）其实隔得非常遥远，因为光不能进入额外维，所以光只能沿着折叠的膜空间来传播信息，这就需要很久的时间。如果膜空间的两个折痕之间的距离达到几百亿光年，超过了我们宇宙的年龄，那么我们现在还看不到来自其他平行宇宙的光线。

我们目前所说的暗物质，在额外维理论里可能就是由普通物质构成的，比如其他平行

平行宇宙

在我们的宇宙之外，可能存在着很多个平行宇宙。每个宇宙都处在自己的膜空间上，相邻两个膜空间可以只距离1mm。这些平行宇宙也可以理解为是我们的宇宙折叠形成了很多的层。在平行宇宙理论中，传统理论中所说的暗物质，其实就是位于相邻平行宇宙上的恒星和星系。平行宇宙中恒星和星系产生的引力（图中红线所示），可以通过额外维这个捷径，传到我们地球，但是由恒星和星系产生的光（图中黄线所示）则只能沿着膜空间传播，这些光至少需要数十亿光年的时间，才有可能到达我们地球。

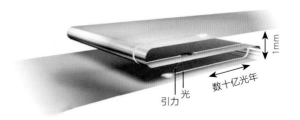

宇宙中的恒星和星系。平行宇宙中的恒星也可以发出一些观测信号，比如超新星爆发放出的引力波。我们希望引力波探测器可以发现宇宙中可见物质以外的其他巨大的引力波辐射源，以此来寻找折叠的证据。

我们的理论并不是第一个预测可能存在一个尺度超过 10^{-35}m 的额外维的理论。早在 1990 年，法国巴黎综合理工学院的伊格纳涉斯·安东尼亚迪（Ignatios Antoniadis）就提出，一些弦理论里面的空间尺度，可以达到 10^{-19}m 的数量级。1996 年，美国加州理工学院的彼得·霍拉瓦（Petr Horava）以及普林斯顿高等研究院的爱德华·维顿（Edward Witten）提出，只需要一个尺度在 10^{-30}m 的额外维，就可以将所有力统一在一起。在这个想法的启发下，美国费米国家实验室的约瑟夫·林肯（Joseph Lykken）把大统一尺度降低到了大约 10^{-19}m。此后，在 1998 年，亚利桑那大学的基斯·迪耶纳（Keith Dienes）、南巴黎大学的埃米利安·杜达什（Emilian Dudas）和明尼苏达大学的托尼·盖尔格塔（Tony Gherghetta）提出，10^{-19}m 的额外维允许所有的力，在远大于 10^{-32}m 的尺度上完成统一。

自 1998 年以来，科学家对我们的理论做了大量改进和发展，但是基本的想法没变，还是基于存在额外的空间维度以及我们的宇宙是被禁锢在一个膜空间上的假设。哈佛大学的丽莎·兰道尔（Lisa Randall）和约翰斯·霍普金斯大学的罗曼·萨德拉姆（Raman Sundrum）提出了一个有趣的想法，他们认为引力自身也被禁锢在五维时空内的一个膜空间上，这个膜空间在各个方向上都是无限大的。由于我们和引力处在不同的膜空间上，所以我们世界里的引力作用很弱。

回顾过去，为了解决层级问题和理解为何引力会如此之弱，传统物理理论假设普朗克尺度是一个基本的物理量，大小在 10^{-35}m 左右，而在 10^{-19}m 的电弱尺度上必须引入新物理。在这种情况下，量子引力对应的尺度还是很小，不能被实验所检验，仍然会是个未解之谜。我们的工作就是，假设存在额外的空间维度，在未来的实验中，科学家将有可能在 6×10^{-5}m 尺度上，发现引力行为与万有引力的预言不一致，甚至我们还会看到弦的振动或微型黑洞的产生和蒸发。实验学家对量子引力和弦理论的检验，将有助于解决困扰了我们 300 年之久的引力问题。我们希望将来可以明确地知道，为何引力会如此之弱。不仅如此，也许我们还会发现，自己也不过是生活在一个"平面国"里而已，我们的世界被禁锢在一个膜空间上，只有引力可以在所有空间里面自由传播。

暗能量：洞悉宇宙命运

亚当·G.里斯（Adam G.Riess）

约翰斯·霍普金斯大学和空间望远镜科学实验室的天体物理学家。他对遥远超新星的研究揭示出宇宙正在加速膨胀，这个发现令他赢得了2011年的诺贝尔物理学奖。

马里奥·利维奥（Mario Livio）

在负责运行管理哈勃望远镜的空间望远镜科学实验室工作了24年，他既是天体物理学家，也是多本畅销科学书籍的作者，其中包括《杰出的错误——从达尔文到爱因斯坦：那些改变了我们对生命和宇宙认识的伟大科学家所犯的错误》（《Brilliant Blunders:From Darwin to Einstein:Colossal Mistakes by Great Scientists That Changed Our Understanding of Life and the Universe》，Simon & Schuster 2013年出版）。

宇宙每分每秒都在扩大，星系相互远离，星系团之间也渐行渐远，就连空无一物的星际空间都越来越浩渺，自20世纪20年代埃德温·哈勃（Edwin Hubble）等人发现宇宙膨胀之后，这些知识已广为人知。但在近些年，天文学家发现上述过程正在加速，宇宙膨胀的步伐不断加快，星系相对彼此退行的速度也在变得越来越快。这个令人震惊的事实就是本文作者之一里斯和澳大利亚国立大学的布赖恩·施密特（Brian Schmidt）共同领导的小组在1998年通过测量遥远的超新星爆发而发现的。同年，加利福尼亚大学伯克利分校的索尔·佩尔穆特（Saul Perlmutter）带领的小组利用类似方法得到了相同的结果。结论显而易见：一定有什么在推动宇宙加速膨胀。但究竟是什么呢？

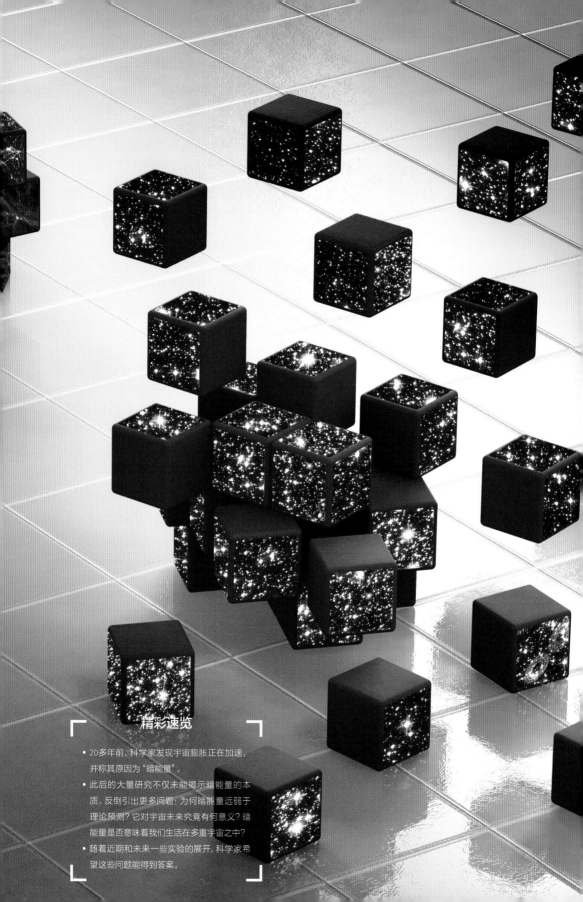

精彩速览

• 20多年前，科学家发现宇宙膨胀正在加速，并称其原因为"暗能量"。

• 此后的大量研究不仅未能揭示暗能量的本质，反倒引出更多问题：为何暗能量远弱于理论预测？它对宇宙未来究竟有何意义？暗能量是否意味着我们生活在多重宇宙之中？

• 随着近期和未来一些实验的展开，科学家希望这些问题能得到答案。

这种物质能产生斥力，因为很明显它正在将宇宙向外推挤，我们给它起了一个名字——暗能量。在对其进行了20多年的研究之后，暗能量的物理本质仍然难以捉摸。而最近的一些观测与目前所有的流行理论都难以吻合，让问题变得更加复杂。

现在，我们有几个问题迫切地需要解答：什么是暗能量？为什么它的强度比最直接的理论预言要弱得多（而又强到可以被探测到）？暗能量的本质对宇宙的未来有何影响？最后，暗能量的奇怪性质是否暗示着我们宇宙的属性是随机获得的，这个宇宙实际上是多重宇宙的一部分，而这个多重宇宙还包含很多其他宇宙，每个宇宙都有不同的性质和不同强度的暗能量？

对暗能量本质的全力探寻已经开始，如果几个新天文观测项目进展顺利的话，前景一片光明，我们希望很快可以开始回答上述问题，从而更为深入地理解宇宙加速膨胀的本质，当然也可能无奈地将某些悬而未决的问题继续束之高阁。

什么是暗能量？

科学家提出了诸多假说来解释宇宙的加速膨胀。其中，头号候选理论认为加速膨胀的驱动力源自宇宙空间本身的属性。量子力学认为真空并非"空无一物"，而是充斥着大量"虚"的粒子和反粒子对，它们同时产生，刹那之间又相互湮灭。尽管听上去很奇怪，但这些仅能存在一瞬间的粒子对携带着能量，而能量与质量一样能产生引力。不过与质量不同的是，能量不仅能够产生吸引的引力，还能够产生推斥的引力，这取决于其压强是正还是负。按照量子理论，真空中的能量应该具有负压强，因此有可能就是它们产生了导致宇宙加速膨胀的推斥引力。

这个理论等价于"宇宙学常数"，即爱因斯坦在其广义相对论方程中加入的一个常数项，用来表示空间本身具有的均匀能量密度。如其名称"宇宙学常数"所示，这个假说认为暗能量密度也是一个常数，不随时间和空间变化。目前天体物理的观测证据与这种宇宙学常数假设比较相符，当然也并非完全一致。

除此之外，暗能量也可能是一种被称为"精质"（Quintessence）的能量场，弥漫在整个宇宙之中，占据空间的每一点，可以抵消引力的吸引作用。物理学家对场并不陌生，无处不在的电磁力和引力就通过场来发挥作用（尽管它们通常来自一个局域的场源，而非充斥整个空间）。

暗能量的可能解释及宇宙的未来

暗能量是科学家对导致宇宙加速膨胀的原因的称呼。对于暗能量的本质有三大主流解释：它也许是固定不变的真空能（该理论又被称为宇宙学常数）；或是一种可变能量，源于充斥整个宇宙的某种场（精质）；还有可能根本不存在暗能量，引力在宇宙尺度下的作用方式与我们熟知的引力理论不符。

模型 ┈┈┈► 宇宙的未来

宇宙学常数

如果真空具有内禀能量，就有可能推动宇宙膨胀。这种能量的强度将不随时间变化，作用就如同爱因斯坦一开始引入后来又从其广义相对论方程中移除的宇宙学常数项。

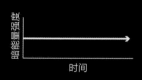

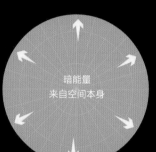

精质

如果暗能量来自充斥宇宙的某个场，它的强度就会随时间变化，要么持续增强，直至将空间中所有结构都撕裂，要么持续减弱，最终将宇宙从膨胀扭转成塌缩，并终结于一场大挤压。

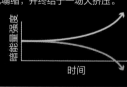

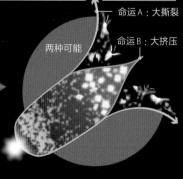

不存在暗能量

暗能量也许根本不存在，宇宙加速膨胀实际上意味着在极大尺度下引力的作用会偏离预期。

在星系和星系团尺度下，引力行为符合广义相对论的预言。

在整个宇宙尺度下，引力行为严重偏离广义相对论，宇宙表现出加速膨胀。

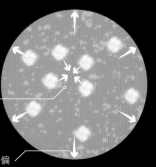

如果暗能量是一个场，它就不太可能是一个常数，而且也可能会随着时间变化。如此一来，过去的暗能量可能比现在更强或是更弱，对宇宙的影响也因时而异。同样地，它的强度和对宇宙演化的影响也可能在未来发生变化。在这个理论一个名为渐冻场的版本中，暗能量的变化随着时间推移会越来越慢，与之相对的解冻场版本则认为暗能量场的变化会越来越快。

第三种解释宇宙加速膨胀的理论认为，根本没有什么暗能量，宇宙的加速膨胀源于爱因斯坦的引力理论（广义相对论）无法解释的物理现象。爱因斯坦的理论是不完备的，有可能在极大的尺度下，比如星系团或者整个可观测宇宙的跨度下，引力定律会偏离目前的理论预测，带来异常的引力效应。

物理学家已经沿着这个方向开展了一些十分有趣的理论探索，但是还未能找到一个与目前所有观测相吻合的自洽理论，因此目前看来暗能量假设仍然占据上风（之前的一些理论，例如加速膨胀是宇宙中物质分布不均匀造成的，或是空间结构中几何缺陷的网络造成的，大部分都被现有观测证据排除了）。

暗能量何以如此之弱？

上述对暗能量的解释都不是十分让人满意。以宇宙学常数为例，它预言的暗能量强度远超实际数值，如果简单地把所有与真空中正反虚粒子相关的量子态的能量简单相加，得到的结果比实际观测的数值要大上120个数量级。考虑诸如超对称（即认为每一个已知粒子都有一个尚未发现的更重的伙伴粒子）等理论引入的修正后，差距得以缩小，但理论值仍比测量值高几十个数量级。如果暗能量真的来自真空能，那问题就来了，真空能怎么会如此微小呢？

暗能量场的解释在这个问题上表现得更好，理论研究者只需要假设与暗能量场相关的势能最低点非常小（虽然没有一个合适的理由解释为什么应该这样做），即可保证空间中只蕴藏少量的暗能量。不过，这样的模型同时也要求暗能量场与宇宙万物的相互作用（除了推斥的引力作用之外）极为微弱。这就导致很难把暗能量场假说自然地整合进现有粒子物理模型之中。

宇宙的未来

　　暗能量的性质将决定宇宙的最终命运。如果暗能量真的是真空能（或者说是宇宙学常数），那加速将永远持续下去，大约在1万亿（10^{12}）年之后除了离银河系最近的那些星系（即本星系群，到那时会合并成一个大型的椭圆星系）之外，其他所有星系都会以光速远离我们，再也无法观测到。就算是来自宇宙大爆炸的远古晨曦——宇宙微波背景，到那时波长也会被拉扯到与整个可观测宇宙的尺度相当，因此难以察觉。在这样的图景中，我们恰好生活在一个非常幸运的时间段，拥有观察周围宇宙的最佳时机。

　　另一方面，如果暗能量不是真空能而是某种未知的场所携带的能量，宇宙的结局则更为开放。这个场有多种不同的可能演化方式，分别对应着不同的宇宙命运。宇宙可能会最终停止膨胀，反而开始收缩，最终在"大挤压"中将肇始万物的大爆炸重演一遍。宇宙还可能进入"大撕裂"状态，上至星系团下到原子和原子核，宇宙中的一切复杂结构都屈从于强大的暗能量而被撕扯得四分五裂。当然，上面提到的持续加速进入冷寂也是暗能量场的可能结局之一。

　　如果最终我们发现广义相对论不够准确，自己需要的是一个替代性引力理论，那根据理论细节的不同，宇宙的结局也会千变万化。

多重宇宙

　　尽管宇宙学常数假设最受青睐，但其极弱的强度仍是需要面对的问题。美国得克萨斯大学奥斯汀分校的物理学家史蒂文·温伯格（Steven Weinberg）早在加速膨胀被发现之前就意识到宇宙学常数存在这个问题，他提出了一个新的思路，即宇宙学常数并非是由基本物理定律决定的独一无二的量，而是一个随机变量，在一个巨大的宇宙系统——多重宇宙中，每个宇宙都具有不同的宇宙学常数。一些宇宙可能具有更大的宇宙学常数，但是相应地就会有更大的加速斥力，导致物质在这样的宇宙中无法凝聚形成星系、行星和生命。由此温伯格推断，因为我们存在，因此我们必然会发现自己身处一个得以允许生命出现的宇宙，也就是一个宇宙学常数碰巧非常微小的宇宙。这个想法后来得到了塔夫斯大学的亚历山大·维连金（Alexander Vilenkin）、剑桥大学的马丁·里斯（Martin Rees）和本文作者之一利维奥的进一步改进，被称为人择推理（Anthropic Reasoning）。

　　即便不考虑暗能量问题，也有合适的理由得出多重宇宙理论。被广泛接受的宇宙暴胀理论认为，宇宙在诞生后第一秒之内曾急剧膨胀。维连金和斯坦福大学的安德烈·林德（Andrei Linde）证明，这种暴胀一旦开始，就必定会一次又一次地重复发生，从而产生数量无限的宇宙泡泡，或者称为"口袋宇宙"。这些宇宙相互之间完全隔离，性质可能差异很大。

从弦理论出发，似乎也能得出多重宇宙。作为可以统一所有自然力的候选理论之一，弦理论有不同版本，拉斐尔·布索（Raphael Bousso）和约瑟夫·波尔金斯基（Joseph Polchinski）基于其中一个名为M理论的版本进行的计算指出，应该有多达10^{500}种不同的时空或者宇宙，每个都具有不同的基本常数，甚至不同数量的空间维度。

但有些物理学家一提多重宇宙就血压上升，因为这个想法看上去既无法接受又难以检验，而且有可能标志着我们熟知的经典科学方法的终结。传统上，经典科学方法要求假说必须能被新的实验或观测直接检验。不过，多重宇宙概念的确做出了一些可供检验的预测，特别是某些多重宇宙模型预测时空的形状会有轻微的弯曲，这也许能被观测到。还有一种可能，尽管希望不大，宇宙微波背景中也许会记录下我们的宇宙和另一个宇宙碰撞时产生的涟漪。

寻找答案

根据目前我们的认识，揭示暗能量本质的最佳途径是测量它的压强（即它对空间的排斥强度）和密度（即在给定空间体积中它究竟有多少）之比，我们称这个比值为状态方程参数，用w来表示。如果暗能量是真空能（即宇宙学常数），那么w将是一个等于-1的常数。如果暗能量来自某个随时间变化的场，我们探测到w的数值就应该偏离-1，而且随着宇宙演化不断变动。如果观测到的加速膨胀表明爱因斯坦的引力理论在极大的尺度下需要修正，我们应该能观察到w在不同尺度下有不同的数值。

天文学家已经设想出一些非常巧妙的间接方法，用来测量暗能量的压强和密度。作为一种具有排斥作用的引力，暗能量或修正后的引力会抵消常规引力的吸引作用（后者将宇宙中的物质聚集到一起），从而阻碍诸如星系团这类大尺度结构的形成。因此，通过研究星系团随时间的变化，科学家能测量不同历史时期的暗能量强度。星系团会使背景星系的光线发生偏折，产生所谓引力透镜现象。通过观测光线偏折程度的大小，我们可以推测出星系团的质量。而通过观测不同距离处星系团的引力透镜效应，我们就能测量出宇宙不同

暗能量为何重要？

操控宇宙

因为空间中的暗能量比宇宙中任何其他成分的密度都要大，它对宇宙有着决定性影响，操控着宇宙的命运。尽管如此，暗能量却并非总是占据上风，宇宙的其他成分——辐射（光）和物质（包括原子和常规物质以及看不见的暗物质），在宇宙还比较小的早期阶段也都曾占据过统治位置，当时它们密度比现在更大。随着宇宙不断膨胀，物质和辐射逐渐分散，暗能量后来居上，如果暗能量密度继续增加，它会越来越强大，最终撕裂空间中的一切结构。

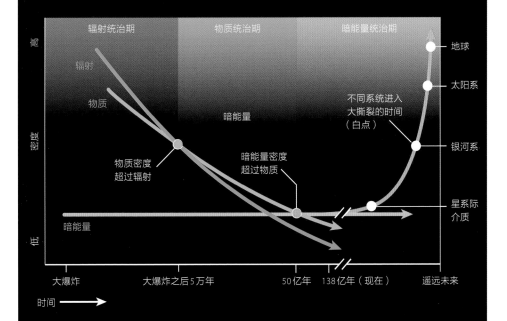

时期大质量星系团的分布（因为光速有限，天文观测就相当于在回溯时间，距离越远时间越早）。

我们还可以通过测量宇宙膨胀速度的变化来测量暗能量。通过观测不同距离处的天体并测量其红移（光的波长随空间膨胀而增大的程度），就可以知道自光从该天体出发以来宇宙膨胀了多少。实际上发现宇宙加速膨胀的两个小组用的正是这个方法，他们测量的是不同的Ia超新星的红移（这类超新星的亮度与其距离保持着非常严格的关系）。该方法还有一个"变种"，通过测量重子声学振荡（Baryon Acoustic Oscillations，BAO）来追踪宇宙的膨胀历史。重子声学振荡是空间中星系密度的波动幅度，是另一个良好的距离指示物。

到目前为止，大多数测量得出的w都与−1相符，观测误差不超过10%，因此是支持宇宙学常数的。最近一个由里斯带领的团队使用哈勃空间望远镜，利用超新星方法探测了100亿年之前的暗能量，没有发现暗能量会随时间变化的迹象。

尽管如此，过去几年间一些偏离了宇宙学常数预测的线索仍值得注意。例如，结合普朗克卫星对宇宙微波背景（它能告诉我们宇宙总的质量和能量）的测量和引力透镜研究的结果来看，w的值似乎比−1更小。第一台全景巡天望远镜和快速反应系统观测了超过300个超新星，来追踪宇宙膨胀，其结果似乎也表明w要小于−1。而最近针对名为类星体（Quasar）的遥远亮星系的重子声学振荡测量显示，暗能量的密度可能是随时间增加的。最后，通过局域测量得到的当前宇宙膨胀速度和根据宇宙微波背景得出的原初膨胀速度存在微小的矛盾，可能也表明真实的暗能量不符合宇宙学常数的预测。虽然这些结果引人遐思，但都不够令人信服，未来更多的观测数据可能会令这些差异变得更有说服力，也有可能证明它们只是系统误差而已。

眼下科学家正在努力工作，有望在不久的将来将暗能量的测量精度提高100倍。暗能量巡天（Dark Energy Survey，DES）项目已经在2012年年底开始运行，大型综合巡天望远镜（Large Synoptic Survey Telescope，LSST）也已经在2012年投入运行，这些项目将搜集更多有关宇宙中大尺度结构和宇宙膨胀历史的信息。美国航空航天局的宽视场红外巡天望远镜及天体物理专用设备（WFIRST-AFTA）预计于21世纪20年代中期发射，作为一台2.4m口径的空间望远镜，它有望观测到遥远的超新星和重子声学振荡，以及引力透镜现象。欧洲空间局（ESA）的欧几里得空间计划（Euclid Space Mission）也准备在2020年发射，目标同样包括引力透镜和重子声学振荡，同时它还将通过红移测量星系距离，以确定宇宙中星系团的三维分布。

最后，我们还可以通过太阳系内的实验来检验那些引力修正理论。方法之一是以极高的精度测量地月距离（利用阿波罗计划放置在月球表面的反射镜来反射从地球发射的激光束），从中探测与广义相对论预言的微小差异。此外，还有一些别出心裁的室内实验也将寻找现有引力理论中的细微矛盾。

未来几年是研究暗能量的关键时刻。我们有望在宇宙加速膨胀问题上获得真正的进展，而谜底将揭示宇宙的未来。

生命的最终结局

劳伦斯·M.克劳斯（Lawrence M.Krauss）
喜欢把思考未来生活作为自己宇宙学方面工作的自然延伸。他的科幻小说《星际迷航的物理学》（《The Physics of Star Trek》）和《星际迷航之外》（《Beyond Star Trek》）就是因此与读者见面的。克劳斯是美国凯斯西储大学物理系主任，也是最早支持宇宙是由宇宙学常数主宰的宇宙学家之一，这个观点目前已被广泛接受。

格伦·D.斯达克曼（Glenn D.Starkman）
凯斯西储大学的教授，他在宇宙拓扑结构方面卓有成就。两位教授都是"失望"的乐观主义者。他们寻找各种能让生命永恒的途径，但都无果而终。

精彩速览

- 宇宙可能将永远膨胀下去。永恒膨胀意味着，生命将生活在一个无穷大的永恒宇宙中。随着宇宙不断膨胀，远处天体最终将以超光速远离我们，物质和能量的密度也将急剧下降。生命体收集能源变得越来越麻烦。
- 为了解决这个问题，宇宙学家有许多设想，比如利用万有引力吸引物质靠近、从宇宙弦中获取能量，但似乎都不太可行。或许唯一的办法是减少生命体的能量损耗，比如，降低自己的体温、增加休眠的时间。为了达到永生，我们最终可能会降低自己的智能，甚至放弃肉身。

永恒生命是世界上多数宗教信仰的核心，通常被赞美为精神上的瓦尔哈拉殿堂（Valhalla，北欧神话中死亡之神奥丁款待阵亡将士英灵的殿堂）——一个远离我们现实生活的，没有痛苦、死亡、担忧和灾祸的世界。但是，另外还有一种人们期望的永恒生命形式，就是现实生活中生命不断繁衍生息。达尔文在《物种起源》（《On the Origin of Species》）中总结说："既然目前所有的生物类型都是寒武纪（Cambrian Epoch）以前生存过物种的直系后裔，我们可以肯定生命的世代延续从来没有中断过……因此，我们有理由相信我们会有一个长久的、无忧的未来。"

从宇宙大爆炸到恒星的形成和死亡（时间坐标见下图），生命体在通往永恒之路上会经历多个里程碑时刻。当最后的恒星死亡以后，智慧生物将不得不寻找新的能源，比如宇宙弦（见上图）。不幸的是，如黑洞爆发之类的自然过程，将吞噬这些呈弦状积聚的能量，最终迫使生命体四处寻找新的能源——当然，前提是宇宙中还有能源。由于宇宙的进程分布在极其宽广的时间尺度上，因此，最好用对数形式来描述时间坐标。如果宇宙是加速膨胀的，生命将更悲惨（见时间坐标中的蓝色部分）。

太阳最终会消耗完它的氢能源，到时我们所知道的所有地球生命都将终结，除了人类将能延续。我们的后裔必将面临死亡和灾害，痛苦和担忧也许永远不会消失，但很有可能，他们中的一部分会找到新家，分散到宇宙各个角落，继续生活下去，就像地球生物分布在所有适合居住的地方一样。

结局也可能不是这样。尽管科学家还不能完全理解生命的本质和宇宙的演化，但他们仍可以对生命的结局做出有根据的推测。目前宇宙学的观测表明：宇宙将永远膨胀下去，而不是像科学家先前认为的那样，先膨胀到一个极大值，然后再收缩。所以，人类不会在宇宙的猛烈收缩下被压成碎片，人类文明也不会像以前想的那样，会随着宇宙收缩而全部付之一炬。看起来，永恒膨胀对生命来说似乎是一件好事。那么，有什么东西能阻止一种足够聪明、能不断找到资源的生命永远存在下去呢？

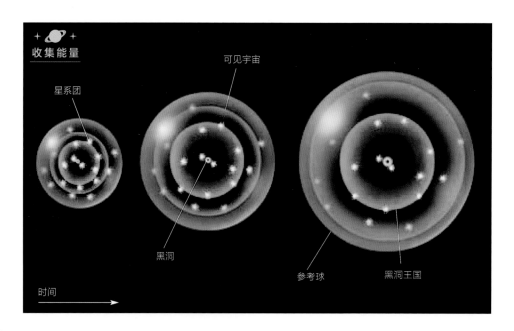

能量收集策略：美国加州理工学院的物理学家史蒂文·弗拉茨基（Steven Frautschi）用图说明，大约10^{100}年以后，生存将变得如此困难。在众多的宇宙事件中，随着宇宙膨胀，任意参考球内（蓝色球）的多样性能源也将膨胀，且越来越多的部分变得可见（红色球）。一个高度进化的文明可以把黑洞王国（绿色球）掠夺的物质转化为能量。但是当这个王国变大时，获取新领地的代价就会增大，征服的速度很难赶得上物质变得稀疏的速度。事实上，物质变得如此弥散，以至于这个文明无法造一个足够大的黑洞来收集它们。

电磁出现

原子核形成

大爆炸后10^{-18}年

10^{-5}年

无尽的永恒　无尽的荒野

生命的繁荣依赖能量和信息，最基本的科学原理显示，即使在一个无穷的周期中，人类也只能获取有限的能量和信息。为了生命的延续，我们必须面对逐渐减少的能源和有限的信息。可以肯定，在这种情形下，不可能永远存在有意识的生物。

在过去的一个世纪内，未来学家们徘徊在乐观主义和悲观主义之间。在达尔文充满信心的预言后不久，科学家又开始为"热寂"（Heat Death）烦恼。因为在这种情况下，整个宇宙将达到一个相同的温度，并将不再变化。20世纪20年代发现的宇宙膨胀的事实，减缓了这一担忧。因为膨胀将阻止宇宙达到"热寂"平衡状态。

但是，很少有宇宙学家思考，宇宙的永恒膨胀会对生物造成什么影响。直到1979年，美国普林斯顿高等研究院的弗里曼·戴森（Freeman Dyson）发表了有关宇宙永恒膨胀对生物影响的经典论文。戴森的想法来源于早期贾马尔·伊斯兰（Jamal Islam）的研究。自戴森的文章发表以后，物理学家和天文学家们会不时重新考虑这个问题。1998年的观测表明：我们将有一个与早先设想完全不同的、更长远的未来。受此启发，我们开始学会换一个角度来看待这个问题。

在过去的一百多亿年内，宇宙经历了许多阶段。对宇宙早期，科学家已经掌握了足够

✦ 🪐 ✦
被稀释的能源

宇宙膨胀对不同形式能源产生的稀释作用有所不同。普通物质（橙色）以正比于体积的形式下降，而宇宙微波背景（紫色）则下降得更快，这是因为，光波将被延长至微波或更长的波段。而由宇宙学常数决定的能量（蓝色），至少从目前的理论来看，将不受影响。

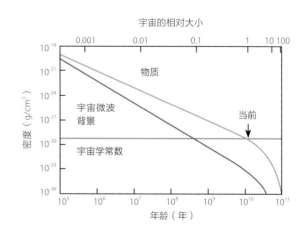

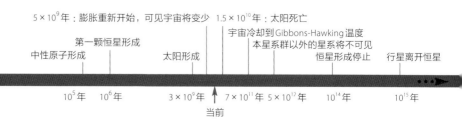

多的观测事实，知道那是难以想象的高温和高密度。从那以后，宇宙开始膨胀和降温。此后数十万年，辐射开始占主导，目前大家知道的宇宙微波背景就是那个时代的遗迹。接下来，物质开始占主导，渐渐地聚集成大的天体结构。如果目前的观测是正确的，那么我们的宇宙正开始加速膨胀。这暗示着，一种奇怪的、可能产生于宇宙空间本身的新能量开始占主导。

生命已经习惯了依赖恒星，但恒星不可避免要死亡，而且从大约100亿年前开始，它们的诞生率就在显著下降。大约100万亿年后，通常意义上的恒星将不复存在，一个新的时代将出现。一些目前慢得不被人注意的过程，将变得很重要，如由于恒星近距离相遇而引起的行星系统扩散、普通和奇异物质可能的衰变、黑洞的缓慢蒸发等。

假如智慧生命能适应周围环境的变化，他们将面临何种根本限制呢？在一个可能无穷大的永恒宇宙中，人们可能希望一个足够发达的文明能采集到无穷无尽的物质、能量和信息。但令人意外的是，事实并不如此。即使通过长时间努力和精心设计，生命体也只能采集一定数量的物质、能量和信息。而让我们感到沮丧的是，微粒、尔格（erg，能量单位）和比特（bit）的数目可能是无限的，所以这种失败不是因为缺少资源，而在于采集它们很困难。

造成这种困境的元凶，恰恰是让生命可以永久存在的因素——宇宙膨胀。当宇宙膨胀时，一般能源的平均能量密度会下降。宇宙的半径增大1倍，原子的密度将下降为1/8。对光波来说，这种下降更为严重。它们的能量密度将下降到原来的1/16，因为膨胀使波长变长，从而削弱了它们的能量（见上页图）。

由于严重"稀释"，使得能源的收集变得越来越麻烦。智慧生命有两种选择：让物质自己靠过来，或者主动把它们找出来。对前者而言，从长远的角度，最好的办法是让万有引力来完成。在所有的自然力中，只有万有引力和电磁力能把任意远处的物体吸引过来。但电磁力通常会被屏蔽掉。原因在于电荷相反的带电粒子会相互作用达到电荷平衡，而普通物体是电中性的，不受长程的电力和磁力的影响。而引力则相反，是无法屏蔽的，因为物质和辐射粒子只会通过引力吸引，不会相互抵消。

天定胜人？

即使是引力，也必须与膨胀的宇宙斗争，因为膨胀会拉开物体间的距离，从而削弱它

黑洞吞噬星系

以目前速度，银河系能源将消耗殆尽

10^{30}年　　大爆炸后10^{37}年

们之间的引力。除了下述一种特殊情况以外，引力最终还是无法把大量物质聚集在一起。事实上，我们的宇宙可能早已过了这个点，星系团也许就是由引力束缚在一起的、最大的物质团体。

仅有的例外只能出现在膨胀和收缩达到平衡时，在这种情况下，引力能永远不停地积聚大量物质。但是，这一设想与目前的观测事实相悖。即使真能这样，也还是行不通，因为这样的话，大约 10^{33} 年以后，我们周围的物质将变得非常密集，使得它们中的大部分将塌缩到黑洞里。在黑洞里面，情况可不乐观。地球上，我们常说条条大路通罗马，而在黑洞内，所有物质都会在有限的时间内到达共同的终点——黑洞的中心，在那里，死亡和解体是注定的结果。

悲哀的是，主动寻找能源的策略也不比被动方式好。宇宙膨胀减弱了动能，因此，勘探者只能挥霍现有能源以保持他们的速度。即使在最乐观的情况下，即所有的能量都以光速移向到黑洞，并且毫无损失地被收集起来，人类想要获取无限的能量，也只能在黑洞里或者在黑洞附近。1982年，美国加州理工学院的史蒂文·弗洛茨基（Steven Frautschi）研究了这一可能性。他推断，可从黑洞获得的能量将迅速减少，而为收集能量所耗费的那部分能量，却不怎么减少。最近，我们重新检验了这种可能性，结果发现情况比弗洛茨基预想的还要糟糕：一个可以永远聚集能量的黑洞，可能比我们目前可见的宇宙部分还要大。

对一个正在加速膨胀的宇宙来说，由于宇宙膨胀导致的能量稀释是很可怕的。目前可见的所有远处天体最终将以超光速远离我们，从我们的视界中消失。我们可以使用的总资源，最多也只能在目前所能看到的范围内获得。

不过，不是所有的能量都会遭到"稀释"。例如，宇宙可能充斥着宇宙弦组成的网络，它们无穷长而细，但集中了能量，可能是由于宇宙早期的不均衡冷却形成。在宇宙膨胀的过程中，单位长度的宇宙弦能量是不变的。智慧生命可以砍断一根，然后聚集在松散的切口一端开始使用它的能量。如果宇宙弦网络是无穷无尽的，智慧生命的能量需求就可以得到永久性的满足。但问题是，如果生物能做到，那么大自然的机制同样能做到。如果一个文明能找到一种切断宇宙弦的方法，宇宙弦网络很可能由此解体。例如，黑洞可能自发地出现在宇宙弦上，并吞噬它们。因此，人类只能消耗有限数量的弦，而不可能到达弦的另一端。最终整个宇宙弦网络会全部消失，留下缺少能量的文明独自存在。

能不能开采量子真空能呢？别忘了，宇宙膨胀可能是被宇宙学常数驱动的。如果真是

量子隧道液化物质

10^{65} 年

这样，真空中将充满一种形式奇特的辐射，被称为吉本斯－霍金辐射（Gibbons-Hawking radiation）或德西特辐射（de Sitter radiation）。可惜的是，我们不能从这种辐射中获取能量做有用的事情。如果量子真空能损失能量，它将降低到更低的能态，但是真空早就在最低能态了。

不管我们变得如何聪明，不管宇宙有多么合作，总有一天，我们将面临能源耗尽。在那种情况下，我们还有其他途径实现生命的永恒吗？

一个很明显的策略是消耗更少的能量，戴森首先提出了定量消耗的方案。为了减少能量损耗，保持低消耗，我们最后将采用降低自己体温的方法。同时，考虑改变人类的基因，使人体可以在低于310K（37℃）的温度下正常运转。然而，人类的体温是不能随意降低的，血液的凝固点有确定的下限。也许最终，我们将不得不完全放弃我们的身体。

从未来主义的角度看，放弃躯体没有根本上的困难。我们只需假定意识没必要依赖于特定形式的有机分

最坏的结局

在所有关于无限膨胀宇宙的设想中，最可怕的就是生活在由所谓的宇宙学常数占首要地位的宇宙中。这是很清楚的，不仅生物不能在这样的宇宙中永远活下去，而且生活的质量也下降得很快。因此，如果宇宙确如最近所观测到的那样，正在加速膨胀，人类的未来将非常可怕。

宇宙膨胀使得天体相互远离，除非它们是由引力或其他力束缚在一起的。我们所处的银河系是一个大星系团的一部分，这个星系团有1000万光年大小。星系团内部还将紧密结合在一起，而那些没有包括在星系团内的其他遥远星系，则会随着宇宙空间的膨胀急速离我们而去。这些星系与我们的相对速度正比于与我们的距离。距离在视界之外的那些星系，将以超过光速的速度远离我们（在广义相对论中这是允许的，这是因为速度也是由膨胀空间自身给予的），我们将再也看不到它们。

如果如观测结果所示，宇宙有一个正的宇宙学常数值，那么膨胀将是加速的，星系将开始以更快的速度分开。它们的速度还是正比于距离，并且这个比例常数会保持恒定，不随时间减小，而在减速膨胀时这个比例常数则会减少。结果，目前在视界外的星系将永远不可见。即使那些今天能见到的星系，最后也将获得光速，从我们的视野中消失，除非它是本星系团的成员。和宇宙膨胀一样，加速也是在宇宙年龄为现在的一半时开始出现的。

遥远星系是逐渐消失在我们眼前的。它们的光波会慢慢变长直到不能被探测到。随着时间的推移，我们能见到的天体数目将下降，我们的星际舰队能到达的地方将逐渐减少。在2万亿年内，宇宙中最后的恒星死亡之前，除了本星系团的以外，所有天体都将变得不可见和不可触及。此时，已没有新的世界可征服，我们将成为宇宙中真正的孤独者。

电子和正电子束缚在新型物质中   星系黑洞蒸发

大爆炸 10^{85} 年以后 10^{98} 年

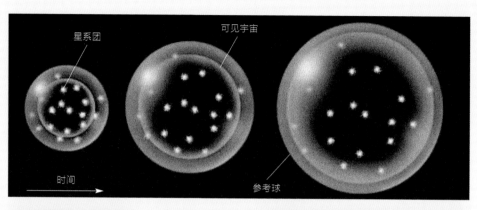

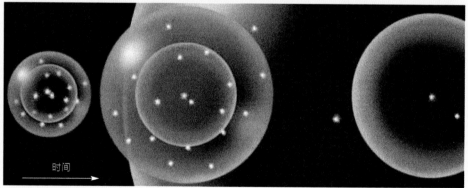

　　宇宙是减速膨胀（上图系列）还是加速膨胀（下图系列），结果很不一样。在这两种情况下，宇宙都是无限的，但是宇宙由参考球到特定星系的那部分（蓝色球）将膨胀。人类只能看到他们周围有限的宇宙空间，当光信号有时间传播（红色球）时，这一空间将稳定增加。如果膨胀是减速的，我们看到的宇宙将会增加，越来越多的星系将充满空间。但是，如果膨胀是加速的，我们能看到的宇宙将变少，仿佛眼前的星空被清扫一空。

子，而能以多种不同的形式体现，比如电子人和有感觉的星际云。大多数现代哲学家和认知科学家认为，像理性思维这样的过程可以由计算机来完成。详细的细节我们就不在这儿讨论了。我们还有很多亿年去设计新的"身体"，将来可以把我们的意识移植到新"身体"里。这些新"身体"可以在更冷的温度下工作，而且有更低的新陈代谢率，从而降低能量消耗。

戴森指出，当宇宙逐渐变冷时，如果生物体能降低新陈代谢率，就可以设法在无限长的进化历程中只消耗一定数量的能量。尽管温度的降低意味着思考速度（每秒钟考虑的次数）减慢，但从理论上来说，这样的思考速度还是足以保证我们的思考总次数不受限制。总而言之，智慧生命将永远生存下去，不论是在绝对时间还是在主观时间上。只有保证生物有无尽的思维，他们才不会在乎生活节奏变慢。如果在你的前面还有数十亿年，为什么要那么匆忙呢？

初看起来，这是个节省体力的好主意。但数学上的无穷是挑战直觉的。戴森说，对一个生物而言，要保持相同程度的复杂性，它处理信息的速度应正比于体温，而能量的消耗应正比于温度的平方（另一个温度因子来源于热力学）。因此，能量需求减少的程度要大于思考速度的降低（见下图）。在310K（37℃）时，人的身体每秒大约消耗100J的能量，而在155K（−118.15℃）时，一个同样复杂的生物的思维速度降到一半，但耗费的能量会降到原来的1/4。这个"交易"是可以接受的，因为周围环境中的物理过程也会以相同的速率减慢。

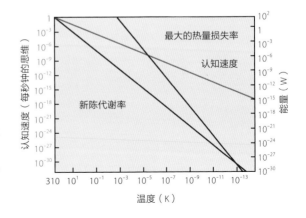

✦ 🪐 ✦
没有休眠

有限能源下的永恒生命？如果新生命能降低自己的体温到310K（37℃）以下，他将消耗更少的能量，代价则是减慢了思维。由于新陈代谢率比思维速度下降得快，生命可以设计成这样的形式——利用有限的能源，拥有无限的思想。有一点要提醒的是，生命体散热的能力也会下降，这将阻止他进一步将体温下降到10⁻¹³K以下。

最大的热量损失率

认知速度

新陈代谢率

认知速度（每秒钟的思维）

能量（W）

温度（K）

以休眠换永生

遗憾的是，这里存在一个陷阱。如果不对一个物体加热，它的大部分能量将以热辐射的方式损耗掉，比如人的皮肤就会辐射红外线。在很低的温度下，最节能的辐射物是稀薄的电子气。然而，即使这样的最佳辐射效率——能量消耗正比于温度的立方，耗能的速率还是要比新陈代谢率快。当生物体的温度不能再下降时，就会出现一个转折点——从那时起，他们将不得不减少自己的高级功能，变得比较低能。不久以后，他们将不再是智慧生命。

对于弱者来说，结局似乎已经注定。不过，为了应对损失能量这个问题，戴森大胆设计了一种休眠策略，有机体只需要在一小部分时间内保持清醒。在休眠过程中，有机体的新陈代谢率将降低，但至关重要的是，它们可以继续散发热量。这样，有机体的平均体温就可以更低（见下图）。事实上，通过不断增加休眠时间，有机体可以消耗有限的能量，永远存在，思考次数也不会受到限制。戴森断定：永恒生命确实是可能的！

但是，许多科学家对戴森的计划提出了质疑，指出了其中难以实现的地方。首先，戴森假定外层空间的平均温度（现在是2.7K）是由宇宙微波背景决定的，将随着宇宙的膨胀永远下降，因此，生物可以永远降低他们的温度。但是，如果存在宇宙学常数，则温度将受吉本斯－霍金辐射的限制，有一个下限。根据目前估计的宇宙学常数，这个辐射有一个大约为10^{-29}K的温度极限。我们和J.理查特·戈特二世（J.Richard Gott II）、约翰·巴罗（John Barrow）、弗兰克·提普勒（Frank Tipler）都注意到：如果生物体的体温降低到这个点，他们将不能进一步降低温度以保存能量。

存在休眠

休眠可能会解决能量消耗这个问题。当生命进入降温模式时，将用更多的时间休眠，从而进一步减少新陈代谢和思维的平均速度。此时，消耗的能量低于最大热量损失率，同时还允许拥有无穷的思想。但是，这样的设计有其他问题，比如说与量子极限可能有冲突。

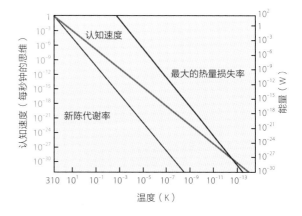

其次，戴森的计划需要一个闹铃周期性地唤醒生物。这些闹铃在每次运行时间越来越长，消耗的能量却越来越少的情况下，还必须运行得很精确。量子力学表明，这是不可能的。想象一个包括两个小球的闹铃，先把这两个小球拉开，然后放手，让它们碰撞。当两个小球碰撞时，敲响一次铃。为了延长闹铃的间隔时间，生物体必须以更慢的速度释放小球。但是，最后闹铃将遭遇海森堡不确定性原理的限制，这一原理表明：让小球的速度和位置同时实现任意精度是不可能的。如果其中的一个小球不足够准确，闹铃将会失效，结果冬眠变成了永久的休眠。

你也许想设计另外形式的、能永远不受量子力学限制的时钟，甚至把它整合到生物自身。然而，还没有人能设计出这种既能可靠地唤醒生物，又不需要消耗能量的特殊装置。

永生的牢笼

第三，也是最基本的有关智慧生命长期进化的问题，是计算能力的基本限制。计算机科学家曾经认为，在每次执行计算时不可避免地会消耗一定的能量，而且这个能量正比于计算机的温度。然而，20世纪80年代初，研究人员发现，某些物理过程，如量子效应和粒子在液体中的随机布朗运动，可以用来作为无能耗计算机的主要组成成分。

这样的计算机可在能耗无穷小的条件下工作。永恒生物体也可以像这样，通过简单地减慢速度，达到减少能耗的目的。但前提是，必须满足下列两种情况：首先，他们必须与周围环境保持热平衡；其次，他们必须永不丢失信息。如果他们做不到，即计算变得不可逆了，那么这个不可逆的热力学过程必然消耗能量。

可悲的是，对一个膨胀的宇宙，这些情况是不可逾越的。在宇宙膨胀过程中，由于稀释和波长变长，生物变得不能发射和吸收辐射，也就无法达到与周围环境的热平衡。而且，因为他们能处理的物质有限，所以记忆也有限，为了得到新的想法，他们不得不放弃先前的想法。从理论上讲，这样的生物能以什么形式永恒存在呢？

他们只能收集一定数量的粒子和信息，并且这些粒子和信息只能以一定的形式存在。由于思想是对信息的重组，有限的信息意味着有限的思想。所有的生命所能做的只是再次经历过去，不断地重复相同的思想。永恒成了"牢笼"，而不是一个无尽创新和探索的过程。这也许是一个天堂，但这样的生命能算活着吗？

值得一提的是，戴森从来没有放弃过希望。在与我们的通信中，他指出，人类可以避开量子力学对能量和信息的限制，比如通过增大体型或采用不同的思维形式。他颇有新意地提出，问题的关键在于：生命是"模拟"的还是"数字"的——即决定生命极限的，是"连续物理学"还是量子物理学。我们相信，经过相当长的旅程后，生命将是"数字"的。

永恒生命是否还存在其他希望？对生命永恒有很强阻碍的量子力学，也许能通过另外一种途径拯救生命。比如，量子引力理论允许存在稳定的虫洞，生命物质可以设法避开光速的极限壁垒，访问用其他途径无法接触的那部分宇宙，收集到无限数量的能量和信息。再比如，他们可以构建一个"婴儿"宇宙，然后把他们自己或者一系列能用来重组自己的指令传送到这个"婴儿"宇宙。在这种方式下，生命可以继续。

不管如何，讨论生命的终极之限似乎还有些早，只有在真正的宇宙学时间尺度上，它才会变得重要。然而，这个问题还是会让一些人感到不安，因为可以确信，我们的物理化身体肯定会有一个终结。不过想一想，虽然我们所知有限，却可以对如此重大的问题得出结论，这是多么奇妙的事情啊！

也许我们能认识迷人宇宙和人类自身的天数，比永远居住在肉身里面更加有意义。

对宇宙的探索，

不仅仅是出于好奇，更因为我们要通过探索，

不断认识我们生活的这个宇宙，

认识支配这个宇宙的自然规律，从而推动人类的发展。

今天，有些探索目标或许仍然遥远，

但没人敢说这些目标不会实现。

第四章 探
EXPLORATION
索

宇宙有无边界?

让-皮埃尔·卢米内特（Jean-Pierre Luminet）
巴黎天文台研究黑洞和宇宙学，已经写了几本关于科学以及诗歌的书，并和作曲家杰勒德·格里塞（Gerard Grisey）同台演出。

格伦·D. 斯达克曼（Glenn D.Starkman）
普林斯顿高等研究院工作了6年，然后去了多伦多加拿大理论天体物理研究所，后来他又到了凯斯西储大学。

杰弗里·R.威克斯（Jeffrey R.Weeks）
杰出的数学家，1985年在普林斯顿大学获博士学位，1999年成为麦克阿瑟研究员。

在晴朗的夜晚，我们仰望星空，似乎觉得宇宙没有尽头。那些恒星和星系看上去无穷无尽，即使是星系间的黑暗深处，只要望远镜的灵敏度够高，也能在这里发现点点星光。事实上，由于宇宙的年龄和光速的大小，我们可以观察到的空间是有限的，但如果我们观察足够长的时间，是不是就可以看到更远处，发现新的星系和现象？

"无限中的盒子"揭示了看起来无穷无尽的宇宙实际上却是有限的。盒子里只有三个球，但装在盒子壁上的镜子会产生无数的映像。当然，真正的宇宙是没有可以反射光的边界的，光线绕着宇宙一次又一次地弯曲就会产生多重映像。从映像重复的模式，科学家就可以推断出宇宙的真实大小和形状。

这可不一定,宇宙可能也会欺骗我们,它可能是有限的。我们之所以会产生无限的错觉,是因为光沿着所有路径传播时,可能会使每个星系都不止产生一个映像,我们的银河系也不例外。更让人意想不到的是,天空中甚至可能含有早期地球的一些映像。随着时间的推移,天文学家可以观察星系的发展并寻找新的映像,不过他们的视野不会扩大到新的空间,他们已经看到了所能看到的一切。

关于宇宙是有限还是无限,也是哲学家经常讨论的话题,不过人们一般倾向于认为宇宙是无限的,而且教科书中也经常提及这种观点。宇宙无限其实是从爱因斯坦的广义相对论中得到的无根据的结论。根据广义相对论,空间是一个动态的媒介,按照其中物质和能量的分布,空间可以有三种不同的弯曲方式。由于我们置身于空间中,所以无法直接看到这种弯曲,但科学家可以通过观测引力效应和图像的几何失真来判断空间的弯曲。为了确

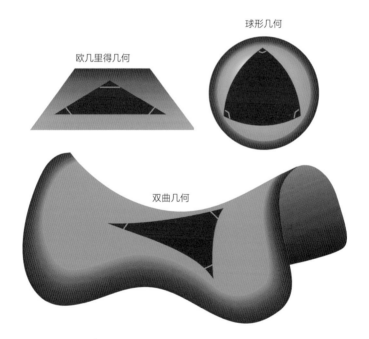

局部空间的几何形状,可能是欧几里得形、球形或双曲形,其中双曲形结构最符合我们所观察到的大尺度宇宙。在欧几里得平面上,三角形的内角和加起来正好是180°;在球面上,它们加起来超过了180°;而在双曲面(或鞍形面)上,则小于180°。局部几何形状决定了物体的运动,但并没有说明,这些局部的空间是如何连接起来,形成整个宇宙的形状。

定我们的宇宙到底是三种弯曲方式中的哪一种，天文学家测量了宇宙中物质和能量的密度，结果表明，宇宙密度太低了，无法使空间本身弯曲成"球形"。因此，空间的形状要么是我们熟悉的欧几里得（平直空间）几何形，像一个平面，要么就是"双曲"几何形，类似一个马鞍（见下图）。如此看来，我们的宇宙似乎可以无限延伸。

其实不然，我们的宇宙也可以是球形的，只是因为它非常之大，导致我们观察到的空间部分看起来像是欧几里得空间，这就像地球表面看起来是平坦的，其实它是个球面。然而一个更深入的问题是，相对论纯粹是一个局域理论，它根据空间中每个小区域包含的物质和能量，描述了这些小区域的几何性质——曲率。不过，无论是相对论还是标准宇宙学观测，都没能解释这些区域到底是如何结合在一起形成宇宙整体的拓扑结构。相对论提到的那三种宇宙几何图像都貌似合理，与许多不同的拓扑结构都是相符的。例如，相对论可以用同一个方程来描述一个圆环（类似甜甜圈的形状）和一个平面，尽管圆环是有限的，但平面却是无限的。因此，要确定宇宙拓扑结构还需要一些超越相对论的物理理论。

通常我们假设宇宙是"单连通"（Simply Connected）的，就像一个平面。这就是说，到达我们眼里的光，是沿着一条路径传播过来的。一个单连通的欧几里得或双曲宇宙的确是无限的，但宇宙也可能是"多连通"（Multiply Connected）的，像一个圆环。在这种情况下，光会沿着很多不同的路径传播。所以观察者会看到每个星系的多幅映像，并会很容易地把它们曲解为无限空间里的不同星系，这非常类似于游客在镜子房里看到一大群人。

多连通的空间，这个数学上的奇思妙想，甚至能够统一自然界中所有的力，而不违背任何现有的法则。宇宙拓扑结构的研究曾一度兴盛起来，我们期待着，新的观测结果能很快对我们的宇宙结构给出一个明确的答案。

有限的宇宙？

在一定程度上，许多宇宙学家认为宇宙是有限的。这是因为相比于无限，人类更容易接受有限的观点，但是对于宇宙有限性的讨论，人们也有两种不同的看法。第一种看法涉及一个牛顿设计的想象实验，后来乔治·伯克利（George Berkeley）和恩斯特·马赫（Ernst March）又对它做了推广。牛顿纠结于惯性的起因，所以设想了两个没有装满水的水桶：第一个水桶是静止的，水面是平的；第二个则快速旋转，水面是凹下去的。为什么会这样呢？

原因很简单，是离心力在起作用。但是第二个水桶如何知道自己在旋转呢？进一步讲，惯性系到底是如何定义物体是旋转还是静止？伯克利和马赫给出的答案是，宇宙中所有物质共同来提供参照系。第一个水桶相对遥远的星系是静止的，所以表面保持平坦。第二个水桶相对于那些星系是旋转的，所以它的表面是凹下去的。如果没有遥远的星系，我们就不能认为某个参照系比其他的好，水就不需要向心力来维持它的旋转，所以这两个水桶的表面都应该保持平坦。马赫推断，物体惯性量的大小与它的总物质成正比，一个无限的宇宙就会导致无穷大的惯性，任何物体都不能运动了。

除了马赫的说法外，量子宇宙学初期的某些观点也试图描述宇宙是如何从虚空中自发产生出来的。这些理论预言，出现一个小体积的宇宙相比出现一个大的宇宙，可能性会更高一些，无限宇宙存在的可能性几乎为零。粗略地讲，无限宇宙的能量是无穷大的，任何量子涨落都达不到这种程度。

从历史上看，有限宇宙的想法遇到了自身的障碍：如果宇宙是有限的，那宇宙肯定有边界。亚里士多德曾认为，宇宙是有限的，理由是宇宙必须存在边界来提供绝对参照系，这是他的世界观的重要组成部分。但批评者认为，如果宇宙存在边界，那边界的另外一面又是什么呢？有人也许会问，那为什么不重新定义"宇宙"（只包含"一个面"），把另外一个面也包括在内呢？19 世纪中叶，德国数学家格奥尔格·F.B. 黎曼（Georg F.B.Riemann）解决了这个问题。他提出了一个超球面的宇宙模型，就是四维空间中的三维球面，就像是三维空间中的普通二维球面一样。这是第一个没有任何边界的有限空间的例子。

可能仍然有人会问，宇宙之外是什么？但这个问题的前提是，物理现实最终必须是某个维度的欧几里得空间。也就是说，如果空间是一个"超球"，那么这个"超球"必须存在于四维的欧几里得空间中，这样我们就可以从外面观察到它。然而大自然根本没必要固守这个概念。宇宙是个超球面，并不需要嵌入到任何高维空间中，这是完全可以的。这样的概念可能很难想象，因为我们习惯了从外部观看物体的形状，但这确实是没有必要的。

到 19 世纪末，数学家已经发现了许多种没有边界的有限空间。1900 年，德国天文学家卡尔·史瓦西（Karl Schwarzschild）的工作，重新引起了同行对无边界有限空间的注意。在《天文学会季刊》（《Viertel jahrschrift der Astronomischen Gesellschaft》）的一篇文章的后记中，他向读者提出了一个难题：想象一下，如果将天文现象无限延伸，整个宇宙由无数个银河系的复制品组成，无限大的空间就可以分割成许多小的立方体，每个立方体正好包含一个独立的银河系，这些重复的立方体都是银河系的映像。我们真的会对无限多个相同世界的假设感兴趣吗？下面的两个观点，可能是我们乐于见到的：相同世界的重复出现不过是一种幻觉，其实现实空间有一种非常奇特的连接特性，以至于我们从一个立方体的一个侧面穿出，马上会从相对的那个面重新穿入。

环面空间，或者更准确的说法应该是欧几里得二维环面，是把平坦的正方形相对的边连接起来（1）得到的。任何物体从一条边穿出马上从相对的边重新穿入。这种表面有一种变形，就是先把顶部和底部的边连接起来（2），然后再将其折叠成一个环（3）。图片中，在红色星系中的观察者看来，空间似乎是无限的，因为他们的视线永远不会结束（4）。黄色星系发出的光线可以沿着不同的路径到达红色星系，所以他们会看到一个以上的映像。构建一个欧几里得三维环面不能从正方形出发，而应该是从正方体开始。

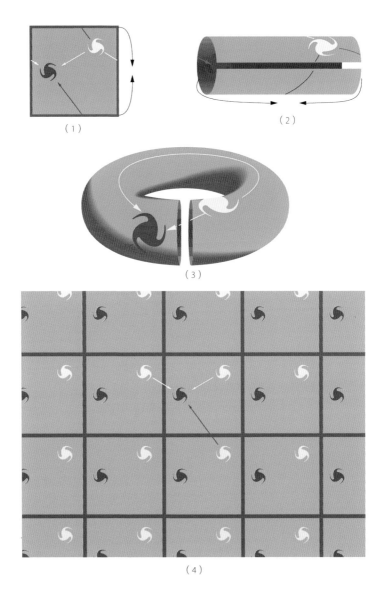

史瓦西的例子告诉我们，如何在思想上从欧几里得空间中构造出一个环面。比如在两维欧式空间中，我们如何从一个正方形的一边出去，然后回到相对的那一边。就像在《爆破彗星》（《Venerable Asteroids》）这款老游戏中，一艘太空船从屏幕的左侧消失，接着会出现在屏幕的右侧。除了边与边之间的连接外，这个空间和以前的一样，遵循我们所熟悉的所有欧几里得几何定律。生活在这个空间里的人，会觉得这个空间是无限的，原因在于，他们可能在不断重复地看着某些东西。其实，如果我们没有穿越整个宇宙，或者没有发现那些重复的映像，我们就无法知道自己处在环面之中（见下图）。而在三维的情况下，则是把立方体空间的两个相对面"粘"在一起，形成三维环面。

如果不考虑表面上的一些涟漪，二维欧几里得环面与圆环的表面是拓扑等价（在拓扑变换下是等价图形）的，然而欧几里得环面不能嵌入到三维欧几里得空间中来，圆环却可以，这是因为圆环的结构可以看作是球面几何结构（绕着外部空间）和双曲几何结构（中间有个孔）。如果没有曲率，人们便不能从外面来观察圆环。

1917年，爱因斯坦发表了第一个相对论宇宙模型，他当时选择了黎曼的超球面作为宇宙的整体形状。那时，空间的拓扑结构是个热点话题，许多数学家沉浸在这个领域。不久之后，俄罗斯数学家亚历山大·弗里德曼（Aleksander Friedmann）推广了爱因斯坦的模型，他认为宇宙是可以膨胀的，并且是双曲空间结构。直至今天，弗里德曼的方程仍然被宇宙学家当作标准公式。他还强调，他的这个双曲模型方程不仅适用于有限的宇宙，同样也适用于标准的无限宇宙，之所以强调这个结论，是因为当时还没有发现有限双曲空间的例子。事实上，几乎所有的有限拓扑结构都需要双曲几何。在二维空间中，一个有限的欧几里得空间必须有一个二维环面或克莱因瓶（Klein Bottle）的拓扑结构，而在三维空间中，则存在10种可能的有限欧几里得空间，即三维环面及其9种简单的变化，比如把一个面扭转1/4圈，或者将其反转，再与其相对的面黏合起来，而非直接黏合。相比之下，无论是有限的三维双曲宇宙，还是有限的三维球面宇宙，都存在无限多种可能的拓扑结构。这些丰富的结构，直至今天仍然是宇宙学家研究的热门课题。

八重环面

在所有的宇宙拓扑问题中，最困难的一个也许是怎样才能找到一个有限的双曲空间。简单起见，我们考虑一个二维宇宙，仿照前面构造二维环面的例子，我们先选取一个正八边形，然后确定出相对的边，最后我们能够从一个边缘穿出，马上就从对面的边缘穿入。或者，我们可以制造出一个正八边形的屏幕，用来玩《爆破彗星》游戏。这就是多连通的

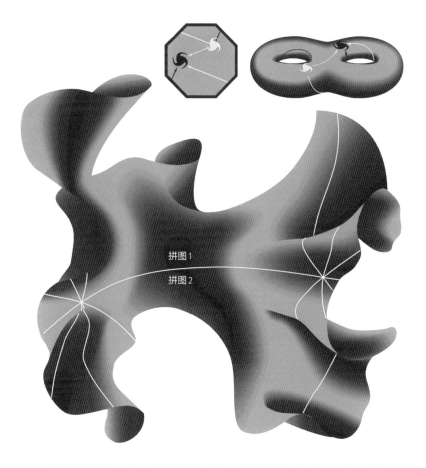

有限双曲空间是由一个正八边形开始，把它相对的边连接起来构成，所以任何物体从一条边穿出会马上从相对的边重新穿入（见上左图）。在拓扑学上，正八边形的空间与带两个孔的结构（类似饼干）是等价的（见上右图）。位于表面上的观察者，会看到无限多正八边形的星系网格。双曲面是种特殊的曲面，表面上每个点都有一个鞍形（见上图）的几何形状，并且只能在双曲流形上得到这种网格。

宇宙，与中间带两个洞的"饼干"是拓扑等价的。位于正八边形中心的观察者，会在 8 个不同的方向上，看到离自己最近的映像。虽然事实上这个宇宙是有限的，但观察者会对双曲空间宇宙产生无限的错觉。类似的情况在三维空间中也是可能的，当然这样的空间是很难形象化的。

现在我们来仔细分析一下正八边形的内角。在一个平面上，多边形的内角度数与它的大小无关。任何一个正八边形的内角都是 135°，但是在曲面上，内角的度数就会随着多边形的大小而变化。比如在球面上，角度会随着多边形尺寸变大而增加，而在双曲面上，情况则刚好相反。在上面的多连通宇宙结构中，我们需要选择合适的正八边形的大小，使得每个内角正好为 45°，这样当对应的边衔接起来时，8 个角拼在一起，总角度正好是 360°。了解了这个微妙之处后，我们也就理解了，为什么不能在平面内考虑八边形，因为在欧几里得几何中，8 个 135° 的角不可能拼在一起。将八边形的对边衔接起来的二维宇宙一定是双曲的，拓扑结构决定了几何性质。

多边形或多面体的大小与空间中唯一有几何意义的尺度——曲率半径有关。例如，一个球可以有任意的物理尺寸（假设以米为单位），但它的表面积永远严格是 4π 乘以它半径的平方。这个法则同样也适用于双曲拓扑结构，这样我们就可以用其面积的大小，来定义曲率半径（曲率的倒数）。已知的最小双曲空间，是威克斯（本文作者）在 1985 年发现的，这种双曲空间是由 18 面体的相对面结合起来构成的，其他的双曲拓扑结构则是由一些更大的多面体构成。

不仅双曲几何结构可以存在许多拓扑结构，球面几何结构也是如此。三维球的情况可以推广到超球（为了让超球的概念更形象化，可以把它想象成由两个欧几里得空间的实心球组成，它们沿着表面粘在一起，一个球表面上的每个点都和另外一个球面上的点对应），超球的体积严格地是 $2\pi^2$ 乘以曲率半径的立方。早在 1917 年，荷兰天文学家威廉·德·西特（Willem de Sitter）就将三维射影球面（P3）与普通的三维球面（S3）区分开来——普通球面上所有关于球心对称的点（对距点）对应起来就得到了射影球面。因此，P3 的体积是 S3 的一半。除了 P3 以外，空间中还有无穷多个具有球面几何性质的拓扑结构，这些球面的结构越复杂，基本多面体的体积就越小。而在双曲结构中，基本多面体的体积，会随着双曲结构的复杂性而变大。例如，庞加莱空间（很抽象的空间，最早的例子是十二面体）可以由十二面体的相对面结合起来形成，它的体积是超球的 1/120。

宇宙中可能存在这样的形状，在这种情况下，空间中可以产生出一个高性能的"球面透镜"，以及按照庞加莱空间的 120 重"晶体结构"来重复的宇宙映像。从数学的观点来看，即使曲率非常大，宇宙的体积也可以任意小。这就意味着，不管宇宙结构看起来与欧几里得空间多么相近，寻找球状的宇宙拓扑结构都是很有必要的。

各种天文观测表明，如果我们的宇宙结构是欧几里得空间，宇宙中物质的密度就应该是现在的 3 倍。直到现在，科学家也不知道是不是宇宙学常数造成了这个差别，那么，宇宙有没有可能是一个曲率半径为 180 亿光年的双曲几何结构呢？然而，根据宇宙微波背景的观测结果，宇宙的结构应该是非常接近欧几里得几何的。不仅如此，科学家还根据其他的一些观测数据，包括对遥远超新星的仔细测量，肯定了宇宙中确实存在类似宇宙学常数之类的物质。即使这样，我们还是不能排除，宇宙是紧致拓扑形结构的可能。

1930~1990 年的这几十年，是宇宙拓扑结构研究的黑暗时期。直到 20 世纪 90 年代，这方面的研究才又活跃起来。直到今天，宇宙学家已经在宇宙拓扑结构的研究领域发表了很多论文。其中最令人激动是，宇宙学家终于可以尝试通过观测来确定宇宙拓扑结构了。

检验宇宙拓扑结构最简单的方法是观察星系的排列。如果星系是以矩形格栅的方式排列，并且同一星系的映像在相应的格点处重复出现，那就表明这样的宇宙是一个三维环面。当然，星系的其他一些排列方式，则预示着更复杂的拓扑结构。但不幸的是，由于同一星系会在不同历史时期产生多个映像，所以人们要发现这种排列方式是很困难的。虽然这些映像在外观上会有变化，并且相对于邻近星系，它们的位置也会有所变动，但天文学家还是得辨别出这些映像。在过去二三十年里，很多研究者，例如莫斯科大学的德米特里·索科洛夫（Dmitri Sokoloff）、普林斯顿大学的理查德·哥特（Richard Gott）以及圣保罗理论物理研究所的赫利奥·V. 法贡德斯（Helio V.Fagundes）已经发现，在 10 亿光年之内没有重复的地球映像。其他研究者，例如波兰哥白尼大学天文中心的勃杜安·F. 罗克玛（Boudewijn F.Roukema），则看到了类星体间的排列模式。人们认为，这些由黑洞提供动力的天体是发光的，可以远距离观察到它们之间的所有模式。观察人员已经确定了所有的由 4 个或更多类星体组成的星团，通过观察各星团间的空间关系，来验证某两个星团是否可能是同一个类星体团在不同方向上的映像。

法国原子能委员会的天体物理学家罗兰·勒乌卡（Roland Lehoucq）和马克·拉谢兹·雷伊（Marc Lachieze-Rey）、在法国奥尔塞市理论物理实验室工作的珍·菲利普·于藏（Jean-Philippe Uzan）以及卢米内特（本文作者之一）绕过了星系判别问题。他们已经开发了多种宇宙晶体（Cosmic Crystallography）方法，可以从统计上辨别排列模式，不需要辨认特定星系是否为另外一个的映像。如果星系映像周期性重复，所有星系间距离的柱状图就会在特定距离处出现尖峰，这些峰值反映了宇宙真实的大小。该方法已经在理论上被证明，适用于欧几里得或球形的宇宙。美日合作的斯隆数字巡天项目以及其他的高红移星系研究，已经提供了一些可供研究的数据。

其他几个研究小组计划利用大爆炸遗留下来的宇宙微波背景来确定宇宙的拓扑结构。这种辐射非常均匀，天空中任意部分的辐射温度和强度几乎都是相等的，只有大概十万分之一的差别，但它也有轻微的涨落，这个涨落是在 1991 年，由宇宙微波背景探测器发现的。

粗略地说，宇宙微波背景描绘的是早期宇宙密度的变动，这种变动最终导致了恒星以及星系的诞生。

最后散射面

这些涨落是解决包括宇宙拓扑结构在内的各种宇宙学问题的关键。在任何时刻，到达地球的微波光子（微波信号）大约都是在同一时间出发，经历了相同的距离后到达地球的。因此，它们的出发点会形成一个球，称为"最后散射面"，地球就在这个球的中心。如果"最后散射面"足够大而能够覆盖整个宇宙的话，就会产生交叉重叠，这就像一个足够大的圆形纸片卷在扫帚柄上会有重叠一样。

球面与球面的相交会在空间中形成一个圆圈。如果天文学家从地球上观察这个圆圈，就会在天空中看到两个温度变动模式一样的圆圈。这两个圆圈其实是同一个圆圈在两个不同方向上的映像（见下图），这类似于蜡烛能在镜子房间里形成多个映像，每个映像都是蜡烛在不同角度的展示。

斯达克曼和威克斯与普林斯顿大学的戴维·N.什派尔盖（David N.Spergel）以及蒙大拿州立大学的尼尔·J.科尼什（Neil J.Cornish）合作，希望能探测到这种成对出现的圆圈。这种方法的优点在于它不受现在宇宙学不确定性的影响，只依赖于空间（具有常曲率）的观测，而不需要物质密度、空间几何形状以及宇宙学常数的存在等假设。进行这种观测，宇宙学家面临的主要困难是如何在映像被力扭曲的情况下辨认出这种圆圈。例如在星系并合过程中，引力的变化会使光线（由映像发出）的能量在到达地球时就已经发生变化。

不幸的是，宇宙背景探测器对小于 $10°$ 角（分辨率）尺度的结构无能为力。此外，它也无法识别单个热的或冷的斑状区域。目前大家只是知道，这些涨落的确有实际的统计学意义，并不是由仪器等人为因素造成的。科学家已经开发出了高分辨率和低噪声的仪器，有些已经应用到陆基或气球携带的观测实验中，其中比较重要的观测项目有美国航空航天局的微波各向异性探测（MAP）、欧洲航天局的普朗克卫星。

如果真的存在球面交叉产生的圆圈，科学家就可以利用它们之间的相对位置，揭示宇宙具体的拓扑结构。如果"最后散射面"刚好可以覆盖整个宇宙，那它只会与最近的映像相交。如果散射面继续扩大，可能会与第二接近的映像相交。如果"最后散射面"足够大，就会有上百甚至上千对圆圈（见下页图），届时，我们得到的数据将会大量冗余。最大的圆圈将完全决定空间的拓扑结构以及所有小圆圈对的位置和方向。因此，宇宙空间内部保持模式的一致性，不仅可以验证拓扑结构的正确性，也可以检验宇宙微波背景数据的正确性。

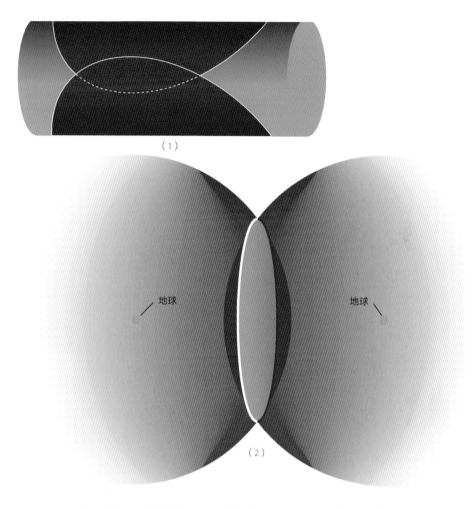

（1）

地球　　　　　　　　　　　　　　地球

（2）

缠绕的宇宙：从特定的时间和地点传到地球的光（比如大爆炸留下的宇宙微波背景
辐射）会形成一个球面。如果这个球面比宇宙还大，它自身会相交形成一个圆圈，
我们在地球上就会看到两个圆圈：左边一个，右边一个（见图2）。类似于绷带缠在
手指上，有一个重叠（见图1）。

　　另外的一些研究小组，则采用了不同的方法来处理宇宙背景探测器数据。比如英国剑
桥大学的约翰·D. 巴罗（John D.Barrow）和让娜·J. 利文（Janna J.Levin）、美国圣克劳
德州立大学的埃默里·F. 邦恩（Emory F.Bunn）、意大利阿切特里（Arcetri）天文台的埃
文·史坎纳皮科（Evan Scannapieco）以及英国牛津大学的约瑟夫·I. 西尔克（Joseph I.Silk）

打算直接检验冷热斑块的模式。这个研究小组已经成功地模拟了在特定拓扑结构下的宇宙微波背景样图。他们把每个方向上的温度都和其他方向上的温度相乘，得到了一个巨大的四维图像，这就是我们通常所说的两点关联函数。利用这张图，我们可以找出不同拓扑结构之间的具体差别。在多伦多加拿大理论天体物理研究所工作的理查德·邦德（Richard Bond）、加拿大亚伯达大学的德米特里·波戈相（Dmitry Pogosyan）以及印度浦那校际天文学与天体物理中心的塔伦·索拉迪普（Tarun Souradeep），都是第一次采用新技术处理现有的宇宙背景探测器数据，以此来准确地识别最小的双曲空间。

科学家探索空间的拓扑结构，除了能够满足人类的好奇心以外，还将对物理学产生深远的影响。尽管相对论并没有任何关于宇宙拓扑结构的预言，但是一些新的更加全面的理论可以预言拓扑结构，至少可以预言各种可能性存在的概率。这些理论可以用来解释大爆炸最早时期的引力作用，在这个时期，量子效应是至关重要的。现在所谓的终极理论，如M-理论，还没有可以检验的结果，但这些候选理论最终会对宇宙大尺度上的拓扑结构做出预言。

为了完成对物理学的统一，科学家做了很多试探性的研究，其中就包括量子宇宙学这

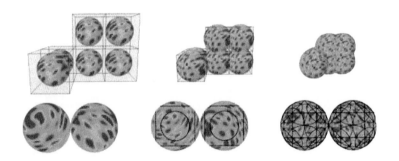

三种可能的宇宙：无论是大宇宙、中等宇宙还是小宇宙（上排），都会产生不同模式的宇宙微波背景辐射，见模拟结果（下排）。它们每一个都是三维环面的拓扑结构，并且重复出现了6次，从而观察者可以看到规则的网格结构。如果宇宙很大，宇宙微波背景辐射形成的球体并不重叠，所以没有前述模式的出现。对于中等宇宙，球体在每个方向相交一次，左侧半球沿着顺时针方向显示出的颜色序列与右侧半球沿着逆时针方向显示出的相同。最后，对于小宇宙，由于球体本身相交了很多次，所以就会显示出更复杂的模式。

个领域。关于宇宙的诞生，有三种基本的假设，分别是由美国斯坦福大学的安德烈·林德（Andrei Linde）、塔夫斯大学的亚历山大·维兰金（Alexander Vilenkin）以及英国剑桥大学的斯蒂芬·霍金（Stephen Hawking）提出的。这三种假设之间有一个显著的差别，就是新生的宇宙体积是非常小（林德和维兰金的观点）还是非常大（霍金的观点）。拓扑结构数据也许能够回答这个问题。

自古以来，世界各地都在探讨宇宙是如何诞生、宇宙是有限还是无限的问题。20 世纪的科学家通过数学分析以及各种天文观测，部分回答了第一个问题，人们要回答第二个问题，可能还需要很久的时间。

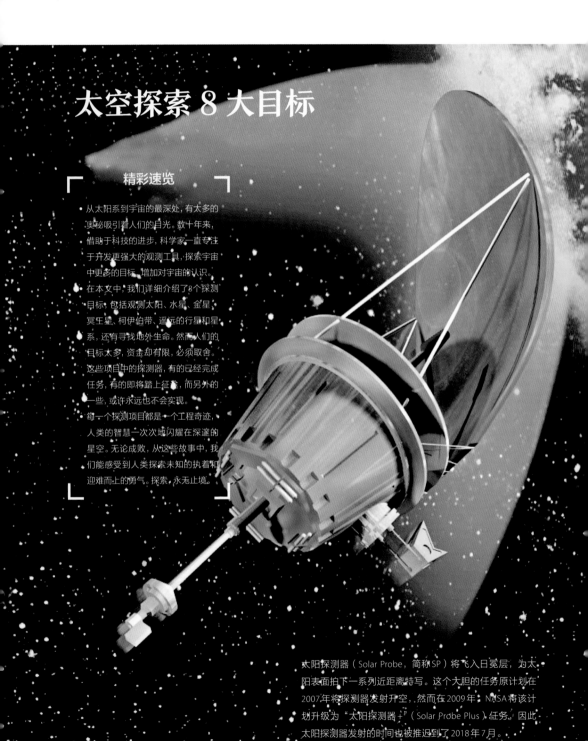

太空探索 8 大目标

精彩速览

- 从太阳系到宇宙的最深处，有太多的奥秘吸引着人们的目光。数十年来，借助于科技的进步，科学家一直专注于开发更强大的观测工具，探索宇宙中更多的目标，增加对宇宙的认识。

- 在本文中，我们详细介绍了8个探测目标，包括观测太阳、水星、金星、冥王星、柯伊伯带、遥远的行星和星系，还有寻找地外生命。然而人们的目标太多，资金却有限，必须取舍。这些项目中的探测器，有的已经完成任务，有的即将踏上征途，而另外的一些，或许永远也不会实现。

- 每一个探测项目都是一个工程奇迹，人类的智慧一次次地闪耀在深邃的星空。无论成败，从这些故事中，我们能感受到人类探索未知的执着和迎难而上的勇气。探索，永无止境。

太阳探测器（Solar Probe，简称SP）将飞入日冕层，为太阳表面拍下一系列近距离特写。这个大胆的任务原计划在2007年将探测器发射升空，然而在2009年，NASA将该计划升级为"太阳探测器+"（Solar Probe Plus）任务，因此太阳探测器发射的时间也被推迟到了2018年7月。

太阳

太阳就像个暴君，时不时地就会猛烈喷发。由于内部强磁场不断变换，太阳向宇宙各个方向不时抛出巨大的高速带电粒子喷流。这股太阳风冲击着行星，在地球的北半球上空形成极光。有时，猛烈的太阳风甚至会导致卫星通信中断以及地球上的电力系统瘫痪。21世纪初，美国、欧洲和亚洲的航天机构都在致力于发射太阳探测器，以便研究太阳及其猛烈喷流。其中的一个探测器将有机会勇闯日冕层，进入太阳炽热的外层大气。

已经实施的太阳探测计划为此铺平了道路。在过去的十几年中，"太阳和太阳风层"探测器（Solar and Heliospheric Observatory，简称SOHO）已经给出了众多关于太阳及日冕的惊人图像。此外，"尤利西斯"号太阳探测器（Ulysses probe）测量了太阳风和太阳磁场。它运行在远距离轨道上，可以对太阳的南北极进行观察。这些探测结果显示，太阳风的最大速度能达到800km/s（500mile/s），可能来自整个太阳表面，而非像天文学家以前认为的那样，仅仅来自太阳两极。不过，科学家还不清楚太阳风形成的物理过程，所以无法预测那些可能重创地球的太阳风暴。

美国航空航天局在2001年发射的"起源"号探测器（Genesis），在近地轨道上收集了太阳风携带的粒子。该任务历时3年，"起源"号带着粒子样本最终于2004年9月8日返回地球，让科学家可以对这些粒子中各元素、同位素的丰度进行一一检测。俄罗斯、日本和德国也在研发相应的航天探测器，以便从更多角度对太阳进行研究。其中，最具雄心的要数美国航空航天局计划在2018年发射的"太阳探测器+"任务。在此任务中，探测器将在一个偏心轨道上运动，并首次穿过日冕层，此时距离日面将不到6×10^6km，这个距离仅为地球到太阳距离的1/20。

"太阳探测器+"首次飞越太阳的过程中，将达到约7.2×10^5km/h的速度，太阳探测器的防热罩会被加热到高达约1300℃（2400°F）。探测器将测量太阳的磁场，拍摄太阳表面的高清照片。另外，它还会携带多台光谱仪和一个专门检测太阳等离子体波的装置。在加利福尼亚喷气推进实验室（Jet Propulsion Laboratory）里，负责太阳探测器任务的科学家布鲁斯·鹤谷（Bruce Tsurutani）说："这是首次探测恒星的任务——去我们的恒星"。探测器加速穿过形成最高速太阳风的冕洞（Coronal Hole）区域后，它将沿轨道暂时远离太阳，准备第二次飞越。

科学家希望，"太阳探测器+"能够帮助他们了解太阳风是怎样被加速到这样高的速度。或许，这次任务还能揭开最令人困惑的太阳物理学悖论——为什么太阳外层大

水星，这颗离太阳最近的行星，拥有布满陨石坑的岩石表面（左上图）。"发现悬崖"（Discovery Scarp）是水星上一个长达500km的断层。在右上方的想象图中，艺术家描绘了"发现悬崖"在拂晓时的模样。

尽管金星表面都被云层遮蔽，但"麦哲伦"号轨道探测器（Magellan Orbiter）使用雷达绘制出了金星地图。根据雷达提供的数据，我们绘制了高约6000m的玛亚特·蒙斯火山（Maat Mons）的远景图。

每个内行星都有很多让人着迷的谜题。通过研究金星大气层，科学家可以进一步了解全球变暖的问题。而通过对水星表面的研究，或许可以揭开有关太阳系早期历史的神秘面纱。

气的温度要比太阳表面高数百倍？另外，美国航空航天局马歇尔航天飞行中心（Marshall Space Flight Center）的太阳物理首席科学家戴维·海瑟威（David Hathaway）表示，这些新数据或许可以帮助科学家预测具有潜在危险的太阳风暴，"破解这些科学奥秘并不仅仅是为了满足好奇心"。

金星和水星

地球上的我们，要想预知全球变暖失控的可怕结果，看看金星就知道了，那里犹如地狱一般，二氧化碳形成令人窒息的大气，硫酸云遮蔽天空，还有热得足以熔化铅的表面温度。但行星科学家认为，金星在诞生之初很像地球，只是后来走上了不同的演化道路，就像是一对双胞胎中有一个学坏了。金星为研究人员提供了一个独特的机会，通过比较金星与地球，或许可以弄清楚两者最终演化成不同形态的原因。

美国航空航天局在2006年批准了金星探测器（Venus Sounder for Planetary Exploration，简称VESPER）计划，新探测器将沿着"水手"号（Mariner）、"先锋"号（Pioneer）和"麦哲伦"号的足迹，预计于2015年到达地球最近的邻居——金星。它将会在两年半的时间里围绕金星运行，测量大气中的气体、风速、气压和温度，简而言之，也就是记录金星上的天气情况。金星探测器上的光谱仪、照相机及其他仪器安装在一个三向平台上，将从各个角度，以不同的探测方法来研究金星上的环境。

金星探测器的一个重要任务就是利用各种仪器，对金星表面以上60~120km高度的中层大气进行集中研究。因为正是在这个范围内，大气形成了黄色的硫酸云，并产生了导致金星不断升温的温室效应。美国航空航天局戈达德航天中心（Goddard Space Flight Center）的首席研究员戈登·金（Gordon Chin）说，这个探测器可以帮助科学家了解如何防止这种灾难性的全球变暖在地球上发生，"所以金星是一个绝佳的实验室"。

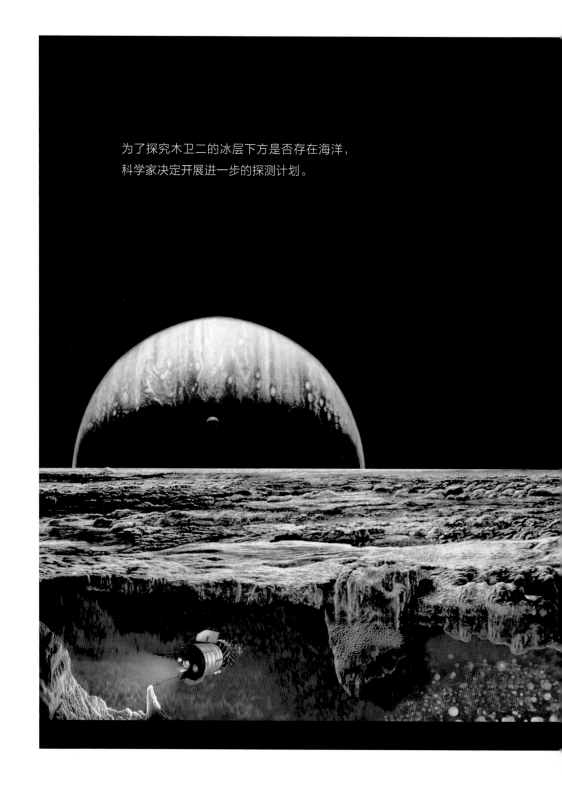

为了探究木卫二的冰层下方是否存在海洋，
科学家决定开展进一步的探测计划。

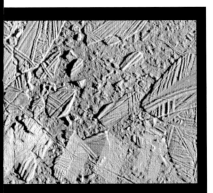

"伽利略"号探测器在1997年传回的拼接图像（上图），向我们展示了木卫二（Europa）表面的碎裂冰层。这片面积为1750km²的区域位于木卫二的赤道附近，在这个位置的冰层最容易被潮汐力瓦解。如果能够证实在冰层下存在海洋，科学家将发送一个探测器去冰层下寻找生命迹象（下图）。想象图的右下角，是气泡从深海热液口中喷出的景观。

离太阳最近的行星——水星，也让科学家着迷。在太阳系中，水星是密度第二大的行星，仅次于地球，而且它的含铁比例要远高于其他任何行星或卫星。天文学家提出了许多假设来解释水星异常的密度，一些科学家猜测，在太阳系形成初期，水星的外层已经被太阳辐射蒸发掉了，只留下完整的金属内核。还有些科学家则认为，是彗星或小行星的撞击摧毁了水星的地壳和地幔。

至今，有两个探测器拜访过水星——其中之一就是"水手10号"，它曾在1974年和1975年3次飞过水星。美国航空航天局还希望对水星表面、空间环境、行星化学、距离等做进一步探测，为此，"信使"号（MESSENGER）探测器在2004年发射升空。这个重为300kg的探测器先后两次飞过金星和水星，最终于2011年进入环绕水星的轨道。直至2015年，"信使"号使用成像系统、磁强计、4个光谱仪在内的仪器，收集到很多关于水星的表面特性、磁场和稀薄大气层的数据。

由于水星离太阳非常近，仅为地球到太阳距离的1/3左右，为了保证"信使"号上的仪器不受强烈的太阳辐射影响，它配备了一个巨大的遮阳板。科学家希望，利用该探测器确定水星外层的元素丰度，从而解决水星的地质历史之谜。美国卡内基研究所（Carnegie Institution）的地球物理学家，也是此次任务的首席研究员肖恩·所罗门（Sean Solomon）解释说，"这仅仅是我们研究内行星形成和演化的一个例子，像许多其他问题一样，只有通过太空探测才能找到答案"。

木卫二

木卫二是个不寻常的卫星。这颗木星第四大卫星的表面被一层已经多次碎裂过的冰壳覆盖着。许多科学家相信，在木卫二的冰层下方，曾经或许直到现在还有一个盐水海洋在涌动。如果这个海洋仍然存在，那会是在地球以外发现的首个海洋。这里甚至可能孕育着外星生命，或许此刻它们正在海底火山口附近"茁壮成长"。

美国航空航天局的"旅行者1号"探测器（Voyager 1）于1979年初次探测到了木卫二崎岖的表面。在之后的十几年中，"伽利略"号在环绕木星的过程中，多次飞经木卫二，并传回了关于木卫二冰壳更清晰的图像。科学家表示，他们获得的关于冰层受到应力开裂的纹路、隆起、矿物沉积等所有信息，都是冰下存在湍急海洋的证据。虽然木卫二的表面温度仅为−160℃，但由于木星的巨大引力，导致木卫二的表面像潮汐一样涨落，或许就是这种摩擦作用使木卫二的内部温度升高。但很不幸，"伽利略"号的相机无法穿透冰层去窥探究竟，所以科学家还不能确定在木卫二的冰层下是否存在由液态水或泥浆构成的海洋。

鉴于此，美国航空航天局开始计划下潜探测。他们曾计划在2003年发射木卫二环绕探测器（Europa Orbiter），利用雷达探测木卫二的冰下世界。当探测器进入围绕木卫二的轨道后，一个三天线雷达阵列会向木卫二表面发射不同频率的信号，通过记录信号的反射结果，仪器将测量出冰层的厚度，并确定冰层下方是否存在海洋。如果存在，雷达将给出海洋分布的三维地图。此外，探测器上的激光测高仪会测量木卫二表面受木星引力引起的潮汐变形。如果某处存在冰下海洋，那么此处受潮汐作用产生的隆起将特别明显。

在地球上，有海洋就意味着有生命。从南极海冰到深海热液喷口，即使在最恶劣的海洋环境中，研究人员都发现了顽强的微生物，它们也被称为极端微生物。那么，在距离太阳7.8×10^8km的木卫二上，是否也存在着这么顽强的生物体呢？喷气推进实验室木卫二环绕探测器项目的科学家托伦斯·约翰逊（Torrence Johnson）表示这是有可能的，"木卫二上的海洋可能是我们有机会找到外星生命的唯一地方"。

木卫二环绕探测器在寻找生命迹象之前，还要为未来的探测任务选定主要着陆点。但很遗憾的是，受制于有限的经费，完成木卫二环绕探测器任务变得遥遥无期。关于后续的探测任务，有一种想法是利用水下机器人或远程遥控的水下探测器来完成，它们将穿透冰层。比如，可能通过发热在冰层上钻洞，进入水下寻找生命迹象。喷气推进实验室的科学家已经设计出一个配有摄像头、宽20cm的圆柱状探头原型，并在夏威夷海域的海底火山附近进行了实际测试。在测试中，一个科研潜水器将探头带到海面以下近1.3km的深度，然后将它插入一个热液喷口里，在超高温的海水中探测微生物。2007年，水下机器人"深井热探测器"（Deep Phreatic Thermal Explorer，DEPTHX）在墨西哥中部的"扎卡顿"（Zacatón）水下洞穴进行了测试，首次绘制出水下的三维地图。此外，2008年，科学家在南极测试了另一个相似的水下机器人"耐力"号（ENDURANCE）。最终的设计方案将用于探测木卫二。约翰逊说："如果木卫二上存在生命，我们真的很想找到它。"

冥王星和柯伊伯带

也许冥王星在太阳系中只能算是个小个子，甚至在不久前被降格为矮行星，但对于天文学家来说它就是珠穆朗玛峰。冥王星位于太阳系的边缘，还从未有探测器对它进行过近距离观测。近几十年来，美国航空航天局的科学家一直提议向冥王星发射探测器。他们原计划在2004年发射一个名为"冥王星－柯伊伯带快车"号（Pluto-Kuiper Express）的探测器，详细探查冥王星和冥卫一的表面特征。不过，美国航空航天局随后调整了计划，取消"冥王星－柯伊伯带快车号"，取而代之的是在2006年发射的"新地平线"号探测器，于2015

无论是冥王星，还是柯伊伯带中的任何一个天体，都还未曾被探测器造访过。

冥王星曾经被认为是太阳系最外侧的行星。右图和上图分别是冥王星和冥卫一（卡戎）的艺术想象图。在2015年，"新地平线"（New Horizons）号探测器将飞过这两个天体，最终进入它们的可能发源地——柯伊伯带（Kuiper Belt）。

年到达冥王星，开始在太阳系远端的探险之旅（见下图）。

冥王星发现于1930年，它的内部和外部都很不寻常。冥王星的表面是一层由冰冻的甲烷、一氧化碳、氮和氧组成的外壳。外壳下面由岩石和冰体组成，相对于典型的行星结构，冥王星似乎更像彗星的彗核。在冥王星轨道外不远处就是柯伊伯带，那里遍布因为体积太小而不能算作行星的彗星和其他天体。冥王星在围绕太阳的偏心轨道上运动，与太阳的距离在4.4×10^9~7.4×10^9km间变化，轨道周期为248年。冥王星的直径是2340km，仅为冥卫一直径的2倍，这也令一些天文学家认为它们属于双矮行星系统。

由于冥王星距离地球十分遥远，所以即使是由哈勃望远镜拍出的最好的冥王星图像，分辨率也非常低。按照计划，重为478kg的"新地平线"号探测器用10年的时间飞越3×10^9km的距离，最终到达离冥王星表面10000km的地方开展探测。它还飞到距离冥卫一"卡戎"27000km处，它所拍摄的照片有相当高的精度。

"新地平线"号携带了7种名字优美的科学仪器：紫外线造影光谱仪Alice、远程勘测成像仪LORRI、红外及可见光成像/光谱仪Ralph、高能粒子频谱仪PEPSSI、太阳风分析仪SWAP、放射性实验仪器REX和尘埃计数器SDC。借助这些仪器，科学家拍摄了冥王星和冥卫一的地貌以及地面的化学物质，并给出温度和压力的数据。该探测器同时测量了冥王星的引力。而且，科学家对冥王星等天体的大气层非常着迷，因为它们非常多变。当探测器飞过冥王星和冥卫一时，紫外线造影光谱仪通过测量阳光穿过稀薄大气时的吸收情况，确定了大气层的成分。此外，当冥王星较靠近太阳时，太阳光会使行星表面的某些冰冻的化学物质升华成气体。然而，由于冥王星太小，微弱的引力不足以长期"抓牢"这些气体，所以这些气体几乎一形成就向宇宙四散逃逸了。但一些科学家认为，当冥王星运动到远离太阳且较冷的区域时，大气中的气体会重新冻结，再次回落到冥王星的地表。对冥王星的近距离观测帮助我们确定了这个理论。

在"新地平线"号经过冥王星后，探测器继续它的旅途，进入柯伊伯带。在那里，探测器上的照相机和红外波段光谱仪对准附近的任何一个冰冻天体，分析其化学成分。如果柯伊伯带内的天体具有和冥王星相同的成分，那么这种相似性就可以支持冥王星是来自柯伊伯带的假说。通过进一步的分析，有助于解释冥王星的诞生之谜，或许也能帮我们弄清楚地球的起源。

太阳系中的类地行星

最令人兴奋的天文发现可能就是看到一颗类地行星正绕着另一颗恒星旋转了。如果将来的望远镜可以找到这样一颗行星并分析它的大气，或许我们就能确定这颗行星上是否有外星生命。

　　近年来利用地面望远镜，科学家在太阳系外找到了少量的行星围绕恒星运动的证据。但是，这些都是间接证据——天文学家通过观测恒星受行星的引力作用而产生的摆动，来推测行星的存在。由于行星的质量要足够大才有可能使恒星产生明显摆动，所以到目前为止，科学家发现的行星更接近木星的大小，并不像地球。

艺术家们绘出了另一个太阳系中的类地行星想象图，这个年轻的世界正在不断经受小行星的冲击。美国航空航天局原计划在2010年发射一个类地行星搜寻器（Terrestrial Planet Finder），希望它有机会发现这样的类地行星。

科学家或许可以通过某种太空观测，在某些恒星旁发现一颗正在绕其运动的、存在生命的行星。

美国航空航天局曾计划在2005年通过太空干涉测量任务（Space Interferometry Mission，SIM）来提高空间搜索能力，它将在近地轨道上围绕太阳运动。SIM有两个相距10m的太空望远镜，通过综合它们的数据，可以使图像达到前所未有的高精度。这样，天文学家就能够精确地测量恒星的位置，发现一个类地行星的公转给恒星带来的摆动。

在该计划中，太空干涉测量任务探测器上将会配置类地行星搜寻器，可以直接观测从另一个太阳系里类地行星反射出的光。但这种探测器面临的重大挑战是强烈的干扰光线。即使是在行星显得最明亮的红外波段，它旁边的恒星也要比它亮100万倍。设计类地行星搜寻器的科研小组的联席主席查尔斯·比奇曼（Charles Beichman）比喻道，要想观察另一个太阳系里的行星，就像是要在探照灯边上寻找一只萤火虫一样。此外，星际尘埃还会散射星光，增加更多的干扰光线，这也让科学家识别行星的微弱光线变得更加困难。

不过，好在类地行星搜寻器有一种办法来阻止恒星的强光。本次任务以5个探测器共同飞行的方式，在围绕太阳的近地轨道上运动。其中4个探测器分别携带直径3.5m的望远镜，用以瞄准目标恒星。每个望远镜都会将恒星的红外辐射反射给整个阵列中间的第5个探测器，后者会集中全部图像，让4束光线相互干涉，从而抵消图像中心的星光，同时又保留下来自恒星周边的各个行星的光线。

美国航空航天局在确定了最有可能存在类地行星的太阳系后，本来打算于2010年发射类地行星搜寻器。首先，它会观测远至50光年外的几百颗恒星，对每颗恒星分别进行数小时的观测。接下来，探测器将重点关注那些接近地球大小的行星，利用光谱仪来初步确定行星大气层的化学成分。利用红外光谱，可以识别出二氧化碳、水蒸气和臭氧，这些都是可能存在生命的迹象。例如，当氧气遇到光线时会产生臭氧，而氧气可能是由植物产生的。比奇曼说，"如果大气中含有臭氧，那这就是那个星球上存在原始生命的间接证据"。类地行星搜寻器将用5年左右的时间在太空中进行搜索。该任务的科学家相信，只要他们确定了正确的恒星和行星，那么他们必将发现在其他太阳系中是否存在生命的证据。然而遗憾的是，尽管太空干涉测量任务和类地行星搜寻器如此激动人心，但它们始终面临经费上的困难，在推迟了数次后，分别于2010年和2011年被美国航空航天局取消。

第一代星系

天文学家能有幸观测到宇宙诞生时的情景吗？美国航空航天局正在建造的"詹姆斯·韦伯"空间望远镜（James Webb Space Telescope，JWST）将协助科学家们窥探距离地球近

借助巨大的太空望远镜，
天文学家希望能发现宇宙
中的第一代恒星和星系。

120亿光年的宇宙深空。天文学家认为，在宇宙大爆炸发生仅仅数百万年后，这些星系就发出了它们的光芒。该望远镜的前身是于1996年开始研制的"新一代太空望远镜"（Next Generation Space Telescope，NGST）。为了纪念曾领导阿波罗计划等一系列美国重大空间探测项目的詹姆斯·韦伯（James E.Webb），美国航空航天局在2002年将"新一代太空望远镜"更名为"詹姆斯·韦伯"空间望远镜。

自1990年以来就一直围绕着地球旋转的哈勃望远镜，已经向我们揭示了一部分关于宇宙早期历史的精彩线索。目前，它已经拍摄到了宇宙大爆炸10亿年后形成的完整星系。接下来，天文学家想知道，第一代星系是如何由黑暗的原始星云并合而来的。美国航空航天局戈达德太空飞行中心的科学家约翰·马瑟（John Mather）说："哈勃的观测结果让我们对宇宙的黑暗时代更加好奇了。""詹姆斯·韦伯"空间望远镜将帮助我们追溯到宇宙历史的更早期，向我们呈现出更清晰的宇宙面貌。

由于宇宙正在膨胀，所以来自遥远天体的辐射会发生红移，也就是波长变长。波长的改变量占原始波长的比例就是测得的红移量。越远的星系，红移量就越大。目前最好的望远镜最远可以观测到红移量约为5的星系，但"詹姆斯·韦伯"空间望远镜将能观测到红移在10~20范围内的天体。为了满足这种观测要求，新望远镜设计的观测波段将从近红外一直延伸到中红外波段（哈勃望远镜的观测波段是从可见光到近红外波段）。

詹姆斯·韦伯空间望远镜将非常轻便，活动反射镜的镜面直径达6.5m，是哈勃望远镜的2倍以上，能收集到的辐射将是哈勃的10倍以上。由于新望远镜也在红外波段上观测，所以要保证光学器件和数码相机的温度尽可能低，避免由于背景温度造成的图像模糊。为此，它会携带一个巨大的遮阳板，而且它的运动轨道将远离地球，从而避开从地球表面反射上来的太阳光。该望远镜最有可能放置在拉格朗日L2点的位置上围绕太阳运行（拉格朗日点共有5个，均为空间中太阳和地球引力平衡的位置，拉格朗日L2点处距离太阳要比地球远大概 1.5×10^6 km）。

宇宙大爆炸后遗留下来的物质密度波动，是如何演变成宇宙大尺度结构的？天文学家利用"詹姆斯·韦伯"空间望远镜提供的图像，有可能揭开这个谜题。天文学家还不清楚，星系到底是形成于大团物质的收缩，还是较小星团的聚集。该望远镜还可能让我们更仔细地观测那些形成于大质量星际尘埃云中的恒星和行星。由于星际尘埃对红外线的吸收量低于其他波段，所以新望远镜可以探测到尘埃云的更深处。马瑟说，"利用红外线，我们可以窥探尘埃云的深处，进一步了解暗物质和暗弱的行星，这里面还有许多等待着我们发现的奥秘"。

　　"詹姆斯·韦伯"空间望远镜原计划于2018年发射,现推迟至最早2021年3月30日发射,届时将由一次性助推火箭搭载升空,以折叠的形态进入太空。然后,它会像一只巨鸟展开双翅,弹出遮阳板并飞到属于它的寒冷轨道上。如果一切顺利,该探测器将在几天内开始采集图像数据,并在轨道上工作大约10年。

未来宇航：
把科幻变成现实

蒂姆·比尔兹利（Tim Beardsley）

航天迷期待，有朝一日，除了专业的宇航员和国会议员外，普通人也能离开地球，前往太空中度假；或者更棒，去月球、火星上的基地看看。实际上，早在10多年前，美国的行业游说组织太空运输协会就成立了一个部门，专门推动太空旅游，他们认为，这条地球以外的道路真的可以刺激地球上的经济发展。而近年来，航天飞机退役，越来越多的私营公司涉足航天领域，更是让人们看到了"太空旅游"的希望。

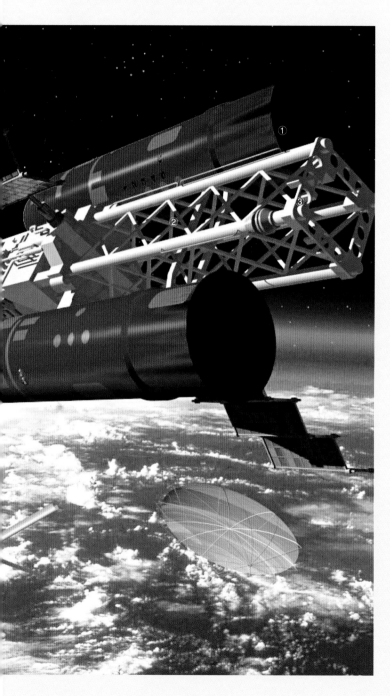

数十年后的航天器和今天的可能大不相同。太阳能电站将微波向下发射给由磁流体力驱动的激光航天器；一架老式航天飞机把系绳拖着的卫星（1）释放出去，另一颗卫星则由单级入轨旋转火箭送来（2）。与此同时，一架光帆航天器启程，朝着遥远的目的地飞去（3）。

不过，去太空旅游有一个最大的问题，就是在太空中，无论你想去哪儿，都不是件容易事。光是飞到地球轨道上就够冒险的了，费用也不便宜。目前的航天推进技术在此基础上有所进步，可以将探测器送到太阳系内更远的地方。为了利用引力获得足够的速度，航天器不得不选择耗时数年的间接轨道，在几颗行星间绕行。不过这样一来，能量就不够返航了。要把航天器送往其他"太阳系"，可能要花上好几个世纪。

幸运的是，对于新推进系统，工程师们有不少创意十足的点子。有朝一日，这些技术也许能够帮我们走出这颗星球。有的点子是对现有火箭或喷气推进技术的大幅改良，有的则采用核能或高能激光束，甚至还有将货物吊到轨道上的"太空电梯"之类的设计。

"只要上了近地轨道，不管你想去太阳系内的什么地方，就算走完一半的路了。"科幻作家罗伯特·A.海因莱因（Robert A.Heinlein）的这句话绝非虚言。虽然登上近地轨道代价不菲，但它确实是至关重要的第一步。因为在绝大多数设想中，人类想要走得更远，都得在轨道上组装庞大的飞船或其他设备，这需要多次发射。

无论是公用领域还是私营领域，都需要更好的发射系统。绝大多数商业发射在太空中的去处只有两个：要么是已经拥挤不堪的对地静止轨道，这条轨道位于赤道上空36000km处，轨道上的卫星可谓摩肩接踵；要么是近地轨道，这条轨道离地面仅有数百千米。近地轨道似乎已成为太空中的"开发区"，因为这里的卫星离地面近，可以将信号发送到电脑甚至手持设备上。

用于科研的发射也在如火如荼地进行。过去十几年中，已有多个重要的观察器、勘测器飞往太阳系内的其他天体。可以预测的是，在未来的岁月中，从神秘的间谍卫星到天气卫星，再到高科技的全球变化监测平台，还会有大量地球观测航天器在大气层外嗡嗡飞过。

成本难题

就算是最保守的科学家，也乐于见到有更多科研航天器监测着地球的环境、探索着太阳系内更远的地方。更有远见的科学家已经预见到，未来，人类将从小行星或其他行星上采矿，从这些星球的大气中萃取气体以供能及维持生命，在此基础之上，太空工业将蓬勃发展。美国亚利桑那州立大学的K.R.斯里达尔（K.R.Sridhar）借用了火星迷的修辞，他说，太空拓荒者们必须得"离地生活"，他曾发明了一种电化学电池，这种电池可以用火星大气制造出氧气。美国SpaceDev公司也曾设想过从小行星上采矿的前景，不过这种冒失的狂热招来了投诉和抗议。有的梦想家甚至研究起了怎样让探测器冲出太阳的疆域，飞往更为广袤的恒星际空间。

光能飞行器

雷克·N.麦拉博（Leik N.Myrabo）——伦斯勒理工大学的工程物理学教授，他主要研究先进的推进及动力技术、能量转换、极超音速气体动力学和定向能。

今天的飞行器里都得装载飞行所需的推进剂，如果抛弃燃料和沉重的相关组件，改用高能激光或微波驱动，太空旅行的费用就能大大减少。

我曾和美国空军研究实验室的富兰克林·B.米德（Franklin B.Mead）一起做过一个实验，我们用一台10kW的军用二氧化碳激光器，调制出频率为每秒28次的脉冲激光，在3秒内，就将一枚直径为10~15cm的自旋稳定式微型光能飞行器推升到了30m的高度。如果我们有足够的资金将激光能量提高到100kW，飞行器就能飞到30km高。

现在的光能飞行器概念机采用普通航空铝材制成，头部有减速伞或遮蔽罩，中间是环形罩，尾部则是膨胀式光学喷嘴。在大气层中飞行时，飞行器头部组件将空气压缩并送入发动机，环形罩承受推进带来的冲击，尾部组件则有双重功能，既是一面抛物聚光镜，能将红外激光聚拢投射到一个环形的焦点上；同时，镜子背面也能承受高温空气膨胀的压力。这一设计使得飞行器能够实现自动转向，一旦航向偏离激光方向，推力方向就会偏转，从而将飞行器推回正确的方向。

通过这种方式，可以让1kg的光能飞行器的速度超过6000km/h，上升到30km的高度，随着空气变得稀薄，飞行器改用液氢推进。1kg液氢就足以把飞行器送上轨道。采用100MW的激光束，直径1.4m的光能飞行器能将重达100kg的微型卫星送入轨道。由于我们采用的激光束是脉冲式的，所以只要将一组激光器联合起来就能轻易达到这个功率。利用这种方法，我们可以发射通信卫星；卫星电子元件老化后，我们还能将它从轨道上收回来。

光能飞行器可不是只能朝着远离激光源的方向飞，只要改变它的几何外形，就能实现朝着激光源飞的功能，甚至还能斜着飞。利用这些"变种"的光能飞行器，我们也许能在全球各地廉价地转运货物。微波也能充当光能飞行器的能源。由于微波无法达到激光那么高的能量密度，所以用微波驱动的飞行器必须大一点。但微波比激光便宜得多，也更容易提供极高的总能量。

我也设计过以激光驱动的更为精密的飞行器，可以用来运送乘客，原理和前面那种不太一样。这种飞行器的效率更高，所以运送大型货物更有优势。

如果采用轨道上的太阳能电站给光能飞行器供能，它们将掀起太空运输方式的革命。不过，首先得降低在轨道上修建基础设施的费用，如果1kg质量只花几百美元，这样的构想就有可能实现。现在，运送每千克货物到轨道上的费用需要上万美元，比我们的构想贵了好几十倍。

有了这样一座太阳能电站，将为我们打开一扇新产业的大门，这样我们就能利用专门的光能飞行器，在轨道上修建更多站点。几十年内，这些站点将使我们在全球各地的旅行更为廉价迅速，甚至能够带领我们飞上月球，去往宇宙中更远的地方。

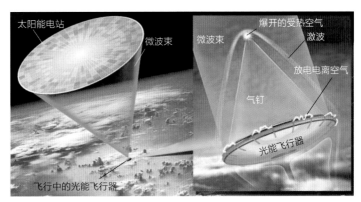

轨道太阳能电站（左上）以微波的形式向正在上升的光能飞行器（右）发送能量，光能飞行器由磁流体力驱动。光能飞行器聚集能量，产生"气钉"，分开迎面而来的空气。飞行器边框上的电极电离空气，使之成为推进系统的一部分。

但航天飞行的成本却是一个问题。传统火箭运送1kg载荷到近地轨道上，就要花费上万美元。人们本来希望，航天飞机能够成为廉价的太空交通工具，但实际上它不比一次性的火箭便宜，而且现在，航天飞机已经正式退役。

进入太空的费用如此昂贵，是因为推进器里必须装载航程中所需的燃料和氧化剂，而且在那辉煌的几分钟之后，推进器会被抛弃并在大气中烧掉。长期以来，工程师一直渴望造出可重复使用的推进器来削减发射费用，一次飞行之后，只需重新装上燃料、进行基本的检查，它就能再次出发，就像今天的飞机航班一样。近年来，积极致力于削减发射费用的公司如雨后春笋般出现。几乎所有公司都在改良现有技术，使之更适合发射小载荷进入近地轨道，由此获取商业上的优势。

新型火箭

造火箭的风险不容小觑，哪怕是传统火箭也不例外。1998年8月，第一枚波音德尔塔3火箭从卡纳维拉尔角升空后不久就爆炸了，这是数十年来首个由私营机构研发的大型推进器。就在这次事故发生的两周前，美国空军与洛克希德·马丁公司共同研发的泰坦4A火箭也在这里发生了爆炸，而类似事故并不罕见。过去20年中，人们对航天发射的费用与要求争执不休，导致好几个美国政府出资的新型一次性火箭研发项目不得不取消。

不过航天企业可不会轻易退缩。美国华盛顿州柯克兰市的基斯特航空航天公司早就计划采用俄罗斯产的发动机制造5枚运载火箭，发射后，每枚火箭的第一级将返回发射场，第二级则绕地球轨道运行，直至返航。这两级都采用降落伞着陆，着陆场也将铺设气袋。从20世纪末至今，基斯特公司的K-1火箭计划几经周折，艰难前行。目前，他们仍在寻求合同及资金支持，希望早日提供商业性发射。

有的公司打算直接利用大气中的氧气，由此减少火箭不得不运载的氧化剂，获得竞争优势。水平起降的飞行器更容易实现这种设计。从数年前开始，美国先锋火箭飞机公司（Pioneer Rocketplane）就在研发一种轻型的双座飞行器，它的火箭发动机类似传统的涡扇发动机。这种火箭飞机的小货舱外形类似航天飞机，里面装着载荷和附属的第二级；在涡扇的推动下，火箭飞机从跑道上起飞，攀升到6000多米的高度；在这里，将有一个燃料箱与它对接，为火箭飞机提供64000kg的液氧。与燃料箱脱离后，新送来的氧气点燃小飞机上的火箭发动机，把它加速到18360km/h，并上升到113km处，在此释放载荷与第二级。先锋火箭飞机公司主管商业研发的副总裁查尔斯·J.劳尔（Charles J.Lauer）说，主要的技术障碍是低温下的液氧输送不太保险。

在研发可重复使用运载器的历程中，最著名的是X-33，这是由洛克希德·马丁公司与美国航空航天局共同开发的航天器，旨在将航天发射的费用降低到原来的1/10。大体来说，X-33是一架1/2比例的实验性飞行器，旨在测试线性塞式火箭发动机及其他多种技术。理论上说，单级的线性塞式火箭发动机就能将一架完全可重复使用的垂直发射式航天器送入轨道，这种发动机可以根据大气压力的变化自动调整。X-33本身不会进入轨道，但它挑战着现有制造技术的极限。

X-33的生产过程困难重重，从1999年开始，首飞计划一再推迟，直至2001年3月美国航空航天局宣布这一耗资9亿多美元的项目彻底取消。同时取消的还有它的全尺寸版本X-34运载器。

不过，在X-33和X-34之外，美国航空航天局还把极超音速喷气发动机提上了议程，自从1994年11月，空天飞机计划取消后，这个项目坐了很久的"冷板凳"。超燃冲压式喷气发动机是极超音速喷气发动机的变种，这种发动机会像传统的喷气机那样吸入空气，但它能让飞行器以7000km/h以上的速度运行，这让单级入轨成为可能。从2000年开始，有一系列名为X-43的无人超燃冲压式喷气机开始进行飞行测试，它们最高能以8000多千米每小时的速度飞行。

美国航空航天局工作人员加里·E.佩顿（Gary E.Payton）解释说，这些实验机型面临的困难是，怎样对进入的空气进行减速，便于燃料在其中燃烧产生推力，而不会产生多余的热量。理论上说，在进气口制造出激波就能实现这一点，但这种方法浪费的能量太多。

还有一种开创性的推进技术有可能解决问题：吸气式发动机。这种发动机在低速状态下，或是空气过于稀薄、不值得吸入的时候，它也能像火箭那样工作。这种基于火箭的复合循环发动机必须先在风洞中接受测试，而且想要得到足够的推力，发动机和飞行器的机身必须设计成一体式的。1999年，美国航空航天局与波音公司签订了一份协议，合作开展"未来X"项目（Future-X program），研发一种高科技飞行器，尝试多种极超音速飞行技术；2004年，这一项目由美国国防部高级研究计划局接手，转为机密项目。在10多年的项目周期中，波音公司于2006年试飞了三次X-37飞行器，其中至少有一次成功了；在此基础之上，X-37B分别于2010年和2011年进行了两次太空试飞并顺利回收。在保密条款的限制下，我们对X-37系列飞行器的具体性能还没有足够的了解，但这种可重复使用的飞行器既能登上地球轨道，又能在大气层中飞行，人们普遍相信，它是未来太空战机的雏形。

一旦飞行器离开大气层，达到了轨道速度（大概29000km/h），它们就将面临全新的工程挑战。飞行器不再需要对抗地球引力和空气阻力，所以不再需要巨大的推力。人们探索过一些新方法，其中值得一提的是离子发动机，美国航空航天局于1998年发射的深空1号飞船使用的就是这种发动机。离子发动机的工作原理是利用高压带电网格加速带电原子(离子)作为推进剂,离子从发动机中喷出时会产生推力。

深空1号的能源来自太阳能板,不过从理论上说,任何一种能发电的方式都能用来驱动离子发动机。离子发动机利用每千克推进剂产生的推力几乎是化学火箭的10倍。因此,尽管离子发动机提供的推力只有几克,但它基本上能持续数年不停地运转,最终使航天器达到不可思议的速度。美国航空航天局刘易斯研究中心(NASA Lewis Research Center)的工作人员詹姆斯·S.索维(James S.Sovey)表示,离子发动机使得飞向天王星和海王星的探测任务成为可能,20世纪80年代的旅行者2号曾飞越这两颗行星,真正的探测任务能带回的数据比简单的飞越要多得多。

核能推进

未来,用什么推进方式探索太阳系?离子发动机并不是唯一的选择。霍尔推进器(Hall Thruster)也能加速离子,而且不用高压网格,它采用辐射磁场来完成引导离子的部分工作,比起前一种离子发动机来,它能提供更大的推力。美国航空航天局刘易斯中心工作人员罗伯特·S.扬科夫斯基(Robert S.Jankovsky)表示,目前已经造出了和离子推进器的推进剂效率相当的实验模型。现在,人们对这种设备的兴趣主要在于近地空间内的应用。不过随着设备性能的提高,也可能会考虑将它用到别的地方——数年前,美国政府就已采用了一台霍尔推进器来发射某机密载荷。

现在,近地轨道上的所有卫星几乎都采用光电池供能,人们期待提高这些电池的性能。美国航空航天局已经做出了一些先进的设计,将无数小透镜组合起来,聚焦阳光投射到光电材料上。

太阳能也能以更直接的方式提供推力。美国空军的一个项目曾研制过一种太阳能末级火箭,用于将卫星从近地轨道转移到对地静止轨道,运营费用只有化学火箭的几分之一。这种太阳能轨道转移飞行器用一面很轻的镜子来将阳光聚集到石墨块上,将石墨块加热到2100℃,在这样的温度下,飞行器内储存的液氢会气化膨胀产生推力。

不过,太阳能为我们提供的帮助有限,在木星轨道以外的地方,利用太阳能就变得很困难了。飞往木星的"伽利略号"和飞往土星的"卡西尼号"采用放射性同位素热电池,利用钚-238衰变放出的热量来产生适量电能。但这种技术很难按比例放大。

许多航天爱好者认为,能在太空中工作的核反应堆可以解决外太阳系供能的问题。不过反应堆运行时会产生放射性废物,所以空间核技术的支持者正在设想一种解决方案:用化学火箭来发射非活动状态的核反应堆，飞到安全距离以外后再激活反应堆，这样，就算发射时出现意外，也不会带来核辐射的威胁。有人估计，如果采用核能作为动力，飞到火星也许只要100天。美国航空航天局技术专家萨穆埃尔·L.文内里（Samuel L.Venneri）表示，用核反应堆为火星基地供能也值得考虑。

推进系统可以用多种方式利用核反应堆，比如可以直接产生推力的核能发动机，它能提供更大推力，缩短任务时间。利用这种发动机驱动的探测器，也许能前往冥王星采集岩石样品并安全返回地球。还有其他可能，比如设计一种能长期发热的反应堆，然后反应堆产生的热量转换成电力，驱动离子发动机、霍尔推进器或者电推进系统——磁等离子体动力推进器。曾任美国航空航天局先进空间推进系统部门负责人的加里·L.班尼特（Gary L.Bennett）说，"你可以把各种反应堆、各种推进概念来个大混搭"。

惊人构想

不管太空核能技术能不能得以发展，创意无限的工程师和科学家对外太阳系探索的前景仍然很乐观。伊凡·贝基（Ivan Bekey）曾任美国航空航天局的高级官员、顾问，他认为三四十年后，人类就能把发射费用削减到每千克2美元。

极超音速技术与现有火箭推进技术结合的新型发动机，再加上新的高能推进剂，应该能使发射费用大大降低。他也很看好磁悬浮弹射装置，这种设备能让火箭飞行器悬浮在轨道上，就像磁悬浮列车一样。轨道末端沿着山壁上升，形成一道向上的弧线；火箭驱动飞行器沿着轨道加速前进，最后腾空而起，起飞角度大概是30°~40°，速度和音速差不多。

贝基设想，再过10多年，就会出现微波驱动的飞行器。这种飞行器的推力来自磁流体力，这种力是导电液体或气体在交叉的电磁场中运动而产生的。工程难度不小，但仔细考察过微波驱动原理的科学家大多相信，我们总能找到办法把它给做出来。用射线传递能量，这意味着不需要把燃料和氧化剂运送到地球的重力井外。因此，贝基断言，激光或微波驱动的飞行器能将发射费用削减到每千克20美元。

一些科学家认为，可以在轨道上修建一组太阳能电站，为射束能飞行器供能。从原则上说，太空电站有很多优点：它们的轨道位置是精心挑选过的，只要阳光能照到，电站就能接收到足够的光子。

航天迷们同样很看好系绳技术，那些缆绳在轨道上表现出奇怪的特性，几乎能被看作一种推进方式。缆绳怪异的表现，是因为要停留在轨道上，离地球中心更远的物体必须保持比更近的物体略慢的水平速度。所以，将离地高度不同的物体用缆绳连接起来，如果缆

光帆推进系统

亨利·M.哈里斯（Henry M.Harris）——美国帕萨迪纳喷气推进实验室的一位物理学家，他的研究方向是恒星际探索，曾参与过包括航天飞机在内的许多项目。亨利还曾是一位爵士乐手，写过关于科学与灵魂的小说。

自从天文学家发现宇宙里的星球多不胜数，走出太阳系的科幻之梦就有了更为真实的意义。研究这些遥远的星球，也许告诉我们地球到底有多与众不同，也能让我们更深刻地认识到自己在宇宙中的地位。这样的远景促使美国航空航天局将视线投向了天上的星星。

用眼睛看星星是一回事，要真正地探索那些星球，却得面临很残酷的现实。以当今的技术水平，就算去最近的恒星也要花成千上万年的时间。我曾为美国航空航天局调研过一系列推进技术方面的概念，想找出一种足够快的推进方式，能让考察飞船在40年内飞到另一颗恒星——这差不多是一位科学家职业生命的极限。目前看起来还算有点儿可能性的方式，我们一共找到三种：核聚变、反物质和射束能。这三种方式中，我们只对射束能有足够的了解，短时期内，也只有它才能列入具有现实意义的研究项目。

射束能的优点显而易见。长途行车时，你靠加油站给汽车提供燃料，靠机修工维持汽车正常运转。相比之下，现在的航天器却得装载旅途所需的所有燃料，飞行途中也没有人来敲打检修。能不能想个办法，只把航天器送上太空，发动机和燃料都由地面提供？这样一来，就能在飞行途中及时检修，还能减轻航天器的重量，加速就更容易了。

射束能也许能提供一条途径。工程分析表明，要实现长距离持续的太空飞行，最好的办法是用高能激光照射一片大而薄的"帆"。早在1984年，罗伯特·L.福沃德（Robert L.Forward）就提出了这样的想法。激光能跨越遥远的距离输送能量，大面积的帆单位重量能接收很高的能量。也可以采用别的射束来传递能量，例如微波。有的研究者甚至考虑过在航天器上安装一个超导磁性线圈，然后向航天器发射带电粒子，带电粒子穿过线圈，产生洛伦兹力，推动航天器。不过目前看来，还是用激光照射帆的方法最具现实意义。

激光中的光子击中帆，可能发生两种情况：一是光子与组成帆的原子周围的电磁场发生弹性碰撞，被反射出去；二是光子被制造帆的材料直接吸收，这会让帆的温度上升一点点。两种情况都会产生加速度，但反射产生的加速度是吸收的2倍。因此，反射式的帆效率最高。

激光提供的加速度与它传给帆的力成正比，与航天器的重量成反比。因此，和其他推进方式一样，光帆的性能取决于材料的热学性能和强度，还取决于我们能把设备重量减轻到什么程度。目前设计出来的光帆都采用光滑的金属薄片，大部分设计还在背面加上衬料来保证结构强度。

这套系统能传送的能量受限于帆的温度，随着金属表面温度升高，光帆的反射性会降低。在光帆背面覆上散热性能良好的材料，就能有效降温，从而提高加速度。

要想达到很高的速度，航天器必须保持加速。光帆的速度上限取决于地球上发出的激光到底能有效照亮它多长时间。激光有一个重要的特性——相干性。这意味着在临界值内，激光传递的能量不会因距离而衰减，这个临界值称为衍射距离。一旦超出衍射距离，能量就会迅速衰减。

激光发射孔的尺寸决定了激光的衍射距离，由此也决定了这束激光驱动的航天器的极限速度。高能激光一般是由数百个小光源并联的阵列产生的，那么有效孔径大致等于整个阵列的直径。阵列排得越紧密，激光束的能量就越大。我们曾设计过一组棋盘式激光阵列，组装密度达到了100%。

我和同事曾分析过单个激光器的功率，和激光器阵列

的整体尺寸对任务成本的影响。要完成恒星际飞行，需要的激光器孔径非常大。我们曾设想将一枚探测器在40年内送上半人马座阿尔法星，用来实现这一任务的激光阵列的直径将达1000km。幸运的是，行星际飞行需要的孔径小得多。用一束$4.6×10^9$W的激光照亮直径50m的镀金光帆，只需要15m的孔径，就能在10天内将10kg载荷送上火星。花上三四年时间，这套系统就能把探测器送到太阳风和恒星际介质的交界处。

光帆飞行器可以自动沿着射束飞行，所以我们在地球上就能控制它的方向。我们甚至可以把光帆的外圈做成分离式的，到达目的地后，反射性外圈与本体脱离继续往前飞，然后外圈将激光反射到本体背面推动飞行器返航。

与光帆相关的许多研究工作已经完成了。美国国防部曾为反导系统研发过高精度大功率激光发射器，这样的发射器也可能用于制造反卫星武器。人们也曾试制出用来反射阳光的帆形设备。俄罗斯科学家曾试飞过一枚直径20m的自旋式阳光反射器，这枚反射器名为旗帜2号，用高聚物制成，计划用途是在冬季为俄罗斯北方城市提供额外的照明。不过1999年2月，俄罗斯在测试另一枚直径25m的反射器时，展开失败，旗帜计划就此搁置。

光帆可能替代传统火箭，实现廉价的太空飞行。在可见的将来，人们将在实验室里测试各种光帆备选材料的特性，为飞往火星、柯伊伯带乃至恒星际介质的航天任务做准备。光帆是未来航天方式的缩影，到时候，我们就能快速经济地到达太阳系内遥远的地方，甚至走出太阳系。总有一天，先进的航天交通工具能实现我们飞向遥远星辰的梦想。

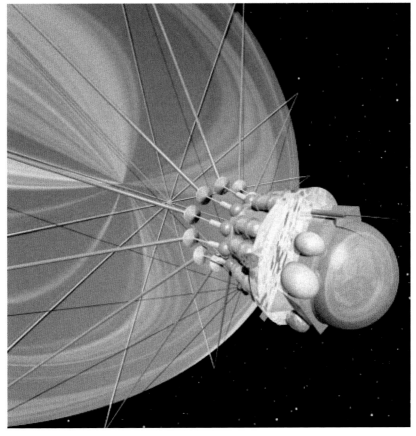

从理论上说，有朝一日，激光驱动的光帆航天器能将探测器送到太阳系内遥远的地方，甚至飞向其他恒星。反射性表面的光帆能提供最大的速度。光帆自重很小，也许会携带轻型的载荷。

核聚变与反物质

斯蒂芬妮·D.雷弗（Stephanie D.Leifer）——在美国帕萨迪纳市喷气推进实验室先进推进技术组工作，担任先进推进概念方面的负责人。她也一直在参与太阳帆、电推进和微推进系统的研究工作。

人类一直渴望飞向星空，虽然星际旅行仍是一个遥远的美梦，但已经有一些工程师和科学家行动起来，提出概念设计实验，探索可能的技术，试图为飞船提供足够的速度，飞出太阳系，去往远方。

基于核聚变的推进系统能将人类送往外层行星，能将无人飞船送往数千天文单位以外的恒星际空间（天文单位是指地球到太阳的平均距离）。几十年内，这样的推进系统也许就会出现。甚至还可能出现由物质与反物质相互湮灭供能的发动机，它能提供比核聚变系统更高的能量，将飞船送往附近的恒星。离我们最近的恒星是比邻星，到地球的距离约为270000天文单位。

这些推进方式的诱人之处在于，它们能用给定重量的燃料产生大得不可思议的能量。比如说，基于核聚变的推进系统理论上能用1kg燃料产生10^{14}J能量——我们今天用来推动飞船的化学火箭，能量密度还不到这个数的千万分之一。物质与反物质的湮灭反应比核聚变更难驾驭，但它的能量密度也更高，湮灭能系统用1kg燃料制造出的能量达到了不可思议的2×10^{16}J。

核聚变的原理是：让轻原子(主要指氘和氚)在足够高的压力和温度下待上足够长的时间，它们会聚合成更重的原子。这个过程中，反应物与生成物之间的质量差转换成能量释放出去，质能转换遵循爱因斯坦的著名方程$E=mc^2$。

虽然核聚变前面的拦路虎比反物质少得多，却还是令人望而生畏。无论是用来推进火箭还是用来在地球上发电，受控核聚变可分成两种类型，二者之间的差别是：约束极热电离气体（等离子体）采用的技术不同。核聚变就是在这些极热气体中发生的，磁约束核聚变用强磁场约束等离子体，而惯性约束核聚变则靠激光或离子束约束、加热装着聚变燃料的微型球体。

不过，就算地球上真的出现了商用聚变能，要造出聚变火箭，也还有不少困难。其中关键的一个问题是怎样引导聚变产生的活跃带电粒子产生的推力。还有其他重要的问题，比如如何获取、存储聚变燃料？如何获取最多的能量（这关系到飞船的重量可以有多大）？

从20世纪50年代末至今，科学家提出了数十种聚变火箭的设想。虽然核聚变会产生巨量极其活跃的粒子，可是

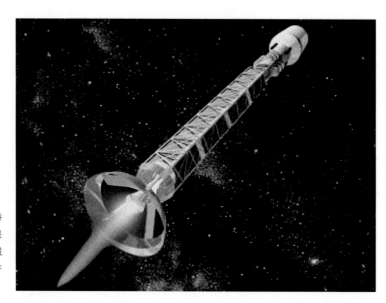

反物质恒星际飞船上，载荷与电站之间会保持一定距离。图中的环是磁喷嘴的组成部分，磁喷嘴将引导带电粒子产生推力。

首先得想办法引导这些粒子产生推力，才能为飞船加速。磁约束核聚变可以采取这样的解决方案：加入燃料维持反应，同时允许部分等离子体逃逸出去，产生推力。由于任何材料制成的容器都经不起等离子体的破坏，所以应配备研究者们称为"磁喷嘴"的装置，用强磁场引导带电粒子喷出火箭外。

而在惯性约束式聚变发动机中，高能激光或离子束以约每秒30次的频率为微型聚变燃料舱点火。要将等离子导出发动机产生推力，应该也可以采用磁喷嘴。

核聚变反应生成哪种粒子取决于选用的燃料。最容易受到激发的聚变是氘和氚之间的聚变反应。氘和氚是氢的两种重同位素，氘的原子核里有1个中子，氚有2个，二者的原子核里质子数都为1。氘和氚聚变产生中子和氦原子核（又叫阿尔法粒子）。带正电的阿尔法粒子更适合用来提供推力，中子则不适合。阿尔法粒子携带的活跃能量可以用来产生推力，但并不是直接利用，而是将这些粒子固定到某种材料内，然后再利用捕获粒子时产生的热量。中子辐射对人体有害，所以如果用聚变发动机执行载人任务，需要做好屏蔽防护。

优劣之间如此难以取舍。虽然氘和氚之间的聚变最容易激发，但许多聚变发动机的构想更青睐氘和氦-3（它有2个质子，1个中子），这两种原子核聚变产生1个阿尔法粒子和1个质子，二者都能被磁场捕获操控。

问题在于，地球上的氦-3非常稀少。此外，和氘-氚反应相比，激发氘-氦-3反应要难得多。不过，不管选择哪种燃料，要将人类送往外太阳系甚至遥远的恒星际空间，都需要数千吨重(大部分重量都是燃料)的飞船（国际空间站的重量只有500t）。

聚变推进面前的拦路虎看起来都不好惹：如何从受控反应中获取更高水平的能量，如何制造密封性能优秀的设备和磁喷嘴，如何找到足够的燃料……不过，没有哪个问题是完全不能解决的。

首先，我们有充分的理由相信聚变反应堆必将产生足够的能量，将收支平衡点远远地甩在后面。1997年，美国劳伦斯利物摩尔国家实验室开始修建国家点火装置，准备用于核聚变实验；2012年7月，国家点火装置用192束激光融合在一起，产生了5×10^{14}W的峰值功率，是人类历史上能量最大的激光脉冲。这一装置将用于核聚变的研发工作，以期造出产出能量大于输入能量的核聚变反应堆。也有迹象表明，目前在磁约束研究领域居于统治地位的托卡马克技术有朝一日也许会被更紧凑、更适合火箭推进的技术取代。1996年，美国能源部聚变能科学顾问委员会就批准了一个项目，研究这样的磁约束新技术，包括反向场箍缩、反向场组态和球形托卡马克装置。

聚变燃料的问题也有可能轻松解决。虽然地球上的氦-3不多，但月球的泥土中有大量氦-3，木星大气中也不少。此外，地球上的其他元素也可能成为核聚变的燃料，例如硼，虽然较难点燃，但它同样能产生阿尔法粒子。

聚变推进能做到的，另一种物理方法也能做到，即物质-反物质湮灭反应，利用给定重量的反应物，它产生的能量比聚变还要大很多。

湮灭会引发一连串后续反应。首先会产生介子——一种寿命短暂的粒子，有的介子也许被磁场操控，用于产生推力。物质-反物质湮灭产生的介子运动速度接近光速。

不过，老问题又来了：每年全世界的高能粒子加速器制造出的反质子加起来也只有几十纳克，而人类想要飞向其他恒星，哪怕是最近的那颗邻星，也需要好几吨反质子。而且，反质子一旦与普通质子接触就会发生湮灭，如何捕获、储存、操控这些反质子也是个大问题。

无论如何，反物质里蕴含的高能量有可能为我们所用，如果我们降低点要求，把需要的反质子的数量降低到10年内可以凑齐的程度，还是能做出点什么来的。比如说，我们可以利用反质子来激发惯性约束核聚变，即反质子进入重原子的原子核，与其中的质子发生反应，导致原子核裂变。高能裂变产物加热聚变燃料，激发聚变反应发生。

现在，先别说反物质，光是刚刚起步建设核聚变推进系统，所面临的挑战似乎就不可战胜。然而，人类曾经完成过看似不可能的任务。阿波罗计划、曼哈顿计划，还有别的许多伟业告诉我们，只要团结一致、目标明确、资源充沛，我们能做出多么壮丽的事业。核聚变、反物质，我们会全力以赴，因为靠着这些技术，人类将真正地飞向天际、触摸星空。

绳的长度超过几百米，强大的外力就会将它绷紧。

其他物理原则也会对系在一起的物体产生作用，其中角动量守恒定律尤为关键。这会导致一些不合直觉的现象出现，系绳会像巨型弹弓一样，在载荷之间高效地传送动量，因此，系绳可以推动卫星快速变轨。通电的缆绳甚至可以用来发电或提供升力。不过，如何预测和控制多个物体组成的大型系统在轨道上的运动，是个巨大的挑战。

系绳甚至催生了一个惊人的构想：在赤道上的某一点固定一条绳索，将整个地球与对地静止轨道上的一枚卫星连接起来，这样，需要发射的设备可以沿着绳索上升到任何想要的高度，最高可达36000km，只用消耗很少的能量。

这样的系绳现在还造不出来，因为该设计中的系绳要承受极大的力，这意味着需要极高强度的材料。不过，贝基提出巴基管也许能满足要求，这种材料是由碳原子组成的微纤维聚合成的直径几微米的管子。他满怀信心地预测："要真正利用巴基管，还有很多问题，比如怎样让它形成长长的绳状，怎样操作它，怎样给它打结便于固定和连接。但是解决了这些问题，我们就能造出强度超过现有材料600倍的绳索。"贝基说，对地静止系绳系统能将发射费用削减到每千克2美元。

这些点子已经够炫了，可还有一些目光更为远大的人，他们现在就已经开始研究那些可能将飞船带往其他恒星的构想了。目前看来，最有前途的方式是光帆。光帆也有可能用来在太阳系内运送货物。

也有人主张，用能量巨大的核聚变来推动飞船。虽然能够有效产出能量的可控核聚变在地球上都还没有实现，但有希望总是好的。聚变反应堆能提供足够的能量，帮助我们轻而易举地到达太阳系内任何一个地方。

要实现恒星际飞行，还有人提出过更激进的构想：量子态隐形传送、虫洞甚至动量消除。这些天马行空的想法看起来需要对物理学的全新理解，怎样实现它们？今天的我们根本无从下手。尽管如此，严肃的研究者仍在持续探索，试图将这些想法变成现实。如果他们成功了，我们对宇宙的所有认识都会被彻底推翻。可是，谁又敢说这些胡思乱想永远都不可能实现呢？

太空系绳

罗伯特 · L.福沃德（Robert L.Forward） **罗伯特 · P.霍伊特**（Robert P.Hoyt）——罗伯特 · L.福沃德和罗伯特 · P.霍伊特创立的一家航空航天公司专门研发商业化的太空系绳系统。

未来，人类开始在月球和地球以外的其他行星上居住的时候，也许不会再用现代的火箭技术了。那时候人们在太空中旅行和居住，靠的也许是一种在有记录的历史之前很久就出现了的古老技术——系绳。

小小的绳索如何能推动物体在太空中飞行？想象两幅画面：第一幅，用一条粗绳把两颗卫星拴在一起，这样，一颗卫星就能把另一颗"扔"到另一条轨道上，像是猎人挥动绳子把石头扔出去。运用这样的概念，可以将载荷运送到月球或更远的地方；第二幅，如果这条绳子能导电，那么绳子内部的电流将与地球磁场相互作用产生推力。这两种绳索——动量传递式的和电力式的——有一个共同的优点：它们都很省钱。不必消耗巨量推进剂，只需要从已经在轨道上的物体那里抽取一点点动量，或是利用太阳能电池板提供的电力。

未来，绳子能把人类带到多远的地方？我们与其他同行曾设想过一种由轨道上高速转动的缆绳组成的系统，绳子长度可达数百千米，这样的系统能将载荷送到月球甚至更远的地方。概念很简单——想想"泰山"是怎么从一条藤荡到另一条藤上的。首先，可重复使用的运载火箭将载荷送进近地轨道，与一条缆绳对接；然后，缆绳将载荷交给更高的椭圆轨道上的另一条缆绳；最后，第二缆绳将载荷弹向月球，月球轨道上的第三条缆绳会接住它。

月球缆绳以恰到好处的速度绕月球转动，这样一来，接到载荷后转上半圈，它就能把载荷轻轻送上月球表面，同时接住要送回地球的载荷。如果送出和接收的载荷重量相当，缆绳不需要任何推进剂。这样的运输方式将架起通往月球的高速公路，月球之旅也许会变成家常便饭。

不过，显而易见，这样的系统要投入实际使用，还有许多技术挑战亟待克服，但它的确很有可能开启一条太空中的廉价高速公路。也许有朝一日，许多行星和卫星周围都会有无数翻着跟斗的缆绳，缆绳上承载着行星际贸易的蒸蒸日上。而这一切，就从一根绳子开始。

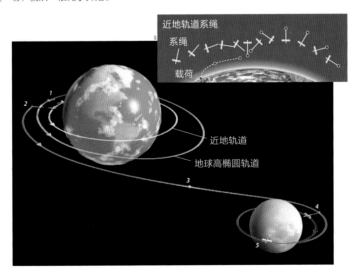

将载荷送往月球，可以由三根绳子组成的系统实现。包裹从地球上出发，被近地轨道上的绳子接住（见插入小图）。绳子翻着跟斗，将载荷扔给更高的轨道上另一根翻跟斗的绳子（1）。就像猎人挥动绳子抛掷石头一样，第二根绳子将载荷（2）朝月球投去（3），月球轨道上的第三根绳子会把载荷接住（4）。然后，这根翻跟斗的绳子将包裹送往月球表面（5）。